Progettazione dell'impianto di trattamento delle acque reflue per il campus JAU di Junagadh

Vaibhav Ram
Ajay Makawana
Dhaval Thanki

Progettazione dell'impianto di trattamento delle acque reflue per il campus JAU di Junagadh

ScienciaScripts

Imprint

Any brand names and product names mentioned in this book are subject to trademark, brand or patent protection and are trademarks or registered trademarks of their respective holders. The use of brand names, product names, common names, trade names, product descriptions etc. even without a particular marking in this work is in no way to be construed to mean that such names may be regarded as unrestricted in respect of trademark and brand protection legislation and could thus be used by anyone.

Cover image: www.ingimage.com

This book is a translation from the original published under ISBN 978-620-2-05674-8.

Publisher:
Sciencia Scripts
is a trademark of
Dodo Books Indian Ocean Ltd. and OmniScriptum S.R.L publishing group

120 High Road, East Finchley, London, N2 9ED, United Kingdom
Str. Armeneasca 28/1, office 1, Chisinau MD-2012, Republic of Moldova, Europe

ISBN: 978-620-3-22335-4

Copyright © Vaibhav Ram, Ajay Makawana, Dhaval Thanki
Copyright © 2024 Dodo Books Indian Ocean Ltd. and OmniScriptum S.R.L publishing group

Indice dei contenuti:

Capitolo 1   3

Capitolo 2   16

Capitolo 3   27

Capitolo 4   53

RAM VAIBHAV M.
MAKAWANA AJAY D.
Prof. D. S. THANKI

PROGETTAZIONE DELL'IMPIANTO DI TRATTAMENTO DELLE ACQUE REFLUE PER IL CAMPUS DI JAU JUNAGADH

CAPITOLO- 1

INTRODUZIONE

1.1 Generale

1.1.1 Disponibilità e utilizzo dell'acqua:

L'India rappresenta il 2,45% della superficie terrestre e il 4% delle risorse idriche del mondo, ma rappresenta il 16% della popolazione mondiale. La risorsa idrica totale utilizzabile nel Paese è stata stimata in circa 1123 BCM (690 BCM dalla superficie e 433 BCM dal suolo), pari ad appena il 28% dell'acqua derivata dalle precipitazioni. Circa l'85% (688 BCM) dell'utilizzo dell'acqua viene deviato per l'irrigazione (Figura 1), che potrebbe aumentare a 1072 BCM entro il 2050. La fonte principale per l'irrigazione è l'acqua di falda. La ricarica annuale delle acque sotterranee è di circa 433 BCM, di cui 212,5 BCM utilizzati per l'irrigazione e 18,1 BCM per uso domestico e industriale (CGWB, 2011). Entro il 2025, la domanda di acqua per uso domestico e industriale potrebbe aumentare a 29,2 BCM. La disponibilità di acqua per l'irrigazione dovrebbe quindi ridursi a 162,3 BCM. Con l'attuale tasso di crescita demografica (1,9% all'anno), si prevede che la popolazione supererà la soglia di 1,5 miliardi entro il 2050. A causa dell'aumento della popolazione e dello sviluppo globale del Paese, la disponibilità media annua di acqua dolce pro capite si è ridotta dal 1951, passando da 5177 m3 a 1869 m3 nel 2001 e a 1588 m3 nel 2010. Si prevede un'ulteriore riduzione a 1341 m3 nel 2025 e a 1140 m3 nel 2050. È quindi urgente una gestione efficiente delle risorse idriche attraverso una maggiore efficienza nell'uso dell'acqua e il riciclo delle acque reflue.

1.1.2 Produzione e trattamento delle acque reflue:

Con la rapida espansione delle città e dell'approvvigionamento idrico domestico, la quantità di acque grigie/di scarico sta aumentando nella stessa proporzione. Secondo le stime del CPHEEO, circa il 70-80% dell'acqua totale fornita per uso domestico viene generata come acqua di scarico. La produzione pro capite di acque reflue da parte delle città di classe I e di classe B è in aumento.

II, che rappresentano il 72% della popolazione urbana indiana, è stato stimato in circa 98 lpcd, mentre quello del solo National Capital Territory-Delhi (che scarica 3.663 MLD di acque reflue, il 61% delle quali viene trattato) è di oltre 220 lpcd.

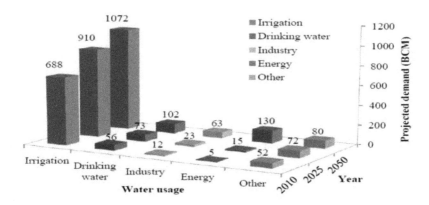

Fig 1.1 Domanda di acqua prevista per i vari settori

lpcd (CPCB, 1999). Secondo le stime del CPCB, la produzione totale di acque reflue da parte delle città di Classe I (498) e di Classe II (410) del Paese è di circa 35.558 e 2.696 MLD rispettivamente. Mentre la capacità di trattamento delle acque reflue installata è di soli 11.553 e 233 MLD, rispettivamente (Figura 2), il che porta a un divario di 26.468 MLD nella capacità di trattamento delle acque reflue. Maharashtra, Delhi, Uttar Pradesh, Bengala Occidentale e Gujarat sono i maggiori produttori di acque reflue (63%; CPCB, 2007a). Inoltre, secondo le stime dell'UNESCO e del WWAP (2006) (Van-Rooijen et al., 2008), la produttività dell'uso industriale dell'acqua in India (IWP, in miliardi di dollari costanti del 1995 per m3) è la più bassa (solo 3,42) e circa 1/30 di quella del Giappone e della Repubblica di Corea. Si prevede che entro il 2050 saranno generati circa 48,2 BCM (132 miliardi di litri al giorno) di acque reflue (con un potenziale per soddisfare il 4,5% della domanda totale di acqua per l'irrigazione), aumentando ulteriormente questo divario (Bhardwaj, 2005). Pertanto, l'analisi complessiva delle risorse idriche indica che nei prossimi anni si presenterà un duplice problema: la riduzione della disponibilità di acqua dolce e l'aumento della produzione di acque reflue a causa dell'incremento demografico e dell'industrializzazione.

In India, ci sono 234 impianti di trattamento delle acque reflue (STP). La maggior parte di essi è stata sviluppata nell'ambito di vari piani d'azione fluviale (dal 1978-79 in poi) e si trova in (solo il 5% delle) città/paesi lungo le rive dei fiumi principali (CPCB, 2005a). Nelle città di classe I, il bacino di ossidazione o il processo a fanghi attivi è la tecnologia più comunemente utilizzata, che copre il 59,5% della capacità totale installata. Segue la tecnologia della coperta di fanghi anaerobici a flusso ascendente, che copre il 26% della capacità totale installata. Anche la tecnologia dei bacini di stabilizzazione dei rifiuti è impiegata nel 28% degli impianti, anche se la sua capacità complessiva è solo del 5,6%. Un recente rapporto della Banca Mondiale (Shuval et al. 1986) si è espresso decisamente a favore degli stagni di stabilizzazione come sistema di trattamento delle acque reflue più adatto nei Paesi in via di sviluppo, dove il terreno è spesso disponibile a un costo opportunità ragionevole e la manodopera qualificata scarseggia.

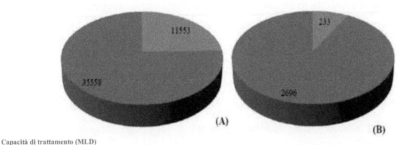

Capacità di trattamento (MLD)
■ Produzione di acque reflue (MLD) ■ Capacità di trattamento prevista (MLD)

Fig 1.2 Capacità di produzione e trattamento delle acque reflue nelle città di classe I e nelle città di classe II in India (CPCB, 2009)

1.1.3 Che cos'è il liquame?

Il termine "acque reflue" descrive le acque reflue grezze, i fanghi di depurazione o i rifiuti delle fosse settiche. Le acque reflue grezze sono principalmente acque contenenti escrementi, scarichi industriali e detriti come assorbenti igienici, preservativi e plastica.

Gli escrementi sono la principale fonte di microrganismi nocivi, tra cui batteri, virus e parassiti. Il trattamento delle acque reflue riduce il contenuto di acqua e rimuove i detriti, ma non uccide o elimina tutti i microrganismi.

- **Fognature**

    Una rete di fognature che trasporta le acque reflue. Le fognature sono essenziali per la salute pubblica.

- **Fognatura**

    Scarico o tubo, solitamente sotterraneo, che trasporta le acque reflue.

- **Liquami**

    I rifiuti trasportati in una fognatura. Possono provenire da gabinetti, bagni, lavandini, vasche, ecc. o da industrie.

1.1.4 Che cos'è una fuoriuscita di liquami?

Le fuoriuscite di liquami si verificano quando le acque reflue trasportate attraverso le tubature sotterranee traboccano da un tombino, da un tombino o da una tubatura rotta. Le fuoriuscite di liquami causano rischi per la salute, danneggiano abitazioni e aziende e minacciano l'ambiente, i corsi d'acqua locali e le spiagge.

Un guasto al sistema settico può anche comportare l'esposizione alle acque reflue. La manutenzione inadeguata da parte del proprietario è la ragione più comune del guasto del sistema settico. Se i sistemi in cattivo stato non vengono pompati regolarmente, si accumulano fanghi (materiale solido) all'interno della fossa settica. Il liquame scorre quindi nel campo di assorbimento, intasandolo in modo irreparabile. Le piogge abbondanti possono saturare i campi settici, causando il traboccamento e il malfunzionamento dei sistemi.

1.1.5 Come si può essere esposti alle acque reflue?

Le persone sono esposte alle acque reflue attraverso il contatto mano-bocca durante il consumo di cibo, bevande e fumo, oppure pulendosi il viso con mani o guanti contaminati. L'esposizione può avvenire anche per contatto con la pelle, attraverso tagli, graffi o ferite penetranti, e da aghi ipodermici scartati. Alcuni organismi possono entrare nell'organismo attraverso le superfici di occhi, naso e bocca e respirandoli sotto forma di polvere, aerosol o nebbia.

1.1.6 Caratteristiche delle acque reflue

- **Fonti di acque reflue**

In generale, le acque reflue urbane sono costituite da acque reflue domestiche, industriali, meteoriche e da infiltrazioni di acque sotterranee che entrano nella rete fognaria comunale. Le acque reflue domestiche sono costituite dagli scarichi delle abitazioni, delle istituzioni e degli edifici commerciali. Le acque reflue industriali sono gli scarichi delle unità produttive e degli impianti di trasformazione alimentare. A Faisalabad, gran parte delle acque reflue municipali di alcune sezioni della città è costituita da scarichi industriali. A differenza di alcune città sviluppate, dove i sistemi sono separati, qui la rete fognaria comunale funge anche da fognatura per le acque meteoriche. A causa dei difetti di queste reti fognarie, si verificano anche infiltrazioni di acque sotterranee, che aumentano il volume delle acque reflue da smaltire.

- **Caratteristiche del flusso di acque reflue**

In generale, le acque reflue domestiche che entrano nei sistemi di depurazione comunali tendono a seguire un andamento diurno. Il flusso è basso durante le prime ore del mattino e un primo picco si verifica generalmente nella tarda mattinata, seguito da un secondo picco la sera dopo cena. Tuttavia, è probabile che il rapporto tra i carichi di picco e il flusso medio vari inversamente alle dimensioni della comunità e alla lunghezza della rete fognaria. I picchi di flusso possono essere generati anche durante le occasioni di festa e in occasione di rituali religiosi, come la preghiera del venerdì in Pakistan, durante le ore di lavoro, le stagioni turistiche e nelle aree con grandi campus universitari, ecc. I flussi di acque reflue industriali seguono da vicino i modelli di lavorazione delle industrie locali, che dipendono dai processi coinvolti, dal numero di turni di lavoro e dal fabbisogno idrico dell'industria. Le variazioni rispetto agli schemi stabiliti sono minime e si verificano durante i cambi di turno o le interruzioni. Le variazioni di flusso possono anche essere dovute alla lavorazione di prodotti stagionali. Pertanto, le fluttuazioni stagionali negli scarichi di acque reflue industriali sono più significative. Nelle città in cui le acque reflue industriali costituiscono una componente importante del flusso totale di acque reflue urbane, le fluttuazioni degli scarichi di acque reflue industriali possono avere un'importanza significativa nella gestione del ciclo dell'acqua. Nelle economie sviluppate, la produzione di acque reflue pro capite è determinata in larga misura da fattori economici e dall'affidabilità dell'approvvigionamento idrico. Tuttavia, in un Paese in via di sviluppo come il Pakistan, dove le forniture d'acqua sono razionate, la disponibilità è incerta e poiché l'acqua non è valutata al suo vero costo opportunità, la produzione pro capite di acque reflue può essere in gran parte una funzione della disponibilità e dei requisiti minimi di utilizzo.

- **Composizione delle acque reflue**

Sebbene la composizione effettiva delle acque reflue possa variare da una comunità all'altra, tutte le acque reflue municipali contengono i seguenti grandi gruppi di costituenti:

- Sostanza organica
- Nutrienti (azoto, fosforo, potassio)
- Materia inorganica (minerali disciolti)
- Sostanze chimiche tossiche
- Agenti patogeni

Nella tabella 1 è riportata una breve panoramica dei costituenti delle acque reflue, dei parametri e dei possibili impatti.

Tabella 1.1 Inquinanti e contaminanti nelle acque reflue e loro potenziale impatto attraverso l'uso agricolo

Inquinante/Costituente	Parametro	Impatti
Nutrienti per le piante	N, P, K, ecc.	• Eccesso di N: potenziale causa di lesioni da azoto, crescita vegetativa eccessiva, ritardo della stagione di crescita e della maturità.

		• Quantità eccessive di N e P possono causare una crescita eccessiva di specie acquatiche indesiderate. • La lisciviazione dell'azoto causa l'inquinamento delle acque sotterranee con impatti negativi sulla salute e sull'ambiente
Solidi in sospensione	Composti volatili e impurità colloidali	• sviluppo di depositi di fango che causano condizioni di sospensione anaerobica • l'intasamento di impianti e sistemi di irrigazione come gli irrigatori
Agenti patogeni	Virus, batteri, uova di elminti, formazioni di coli fecali, ecc.	- possono causare malattie trasmissibili (discusse in dettaglio più avanti)
Organici biodegradabili	BOD, COD	- impoverimento dell'ossigeno disciolto nelle acque di superficie
		• sviluppo di condizioni settiche • habitat e ambiente non idonei • può inibire gli anfibi che si riproducono negli stagni • mortalità dei pesci • accumulo di humus
Organici stabili	Fenoli, pesticidi, idrocarburi clorurati	• persistono nell'ambiente per lunghi periodi

Inorganico disciolto	TDS, EC, Na, Ca, Mg,	• tossico per l'ambiente • possono rendere le acque reflue inadatte all'irrigazione - causano salinità e gli impatti negativi associati
Sostanze	Cl, e B	• fitotossicità • influenzano la permeabilità e la struttura del suolo
Metalli pesanti	Cd, Pb, Ni, Zn, As, Hg, ecc.	• bioaccumulo negli organismi acquatici (pesci e plancton) • si accumulano nei terreni irrigati e nell'ambiente • tossico per piante e animali • assorbimento sistemico da parte delle piante • successiva ingestione da parte di persone o animali • possibili impatti sulla salute
Concentrazioni di ioni idrogeno	pH	- possono rendere le acque reflue inadatte all'irrigazione • particolarmente preoccupante nelle acque reflue industriali • possibile impatto negativo sulla crescita delle piante a causa di acidità o alcalinità • impatto talvolta benefico sulla flora e sulla fauna del suolo

1.1.7 Che cos'è il processo di trattamento delle acque reflue?

Il trattamento delle acque reflue è il processo di rimozione dei contaminanti dalle acque reflue e dalle acque reflue domestiche, sia di dilavamento (effluenti) che domestiche. Comprende processi fisici, chimici e biologici per rimuovere i contaminanti fisici, chimici e biologici. L'obiettivo è produrre un effluente trattato e un rifiuto solido o fango adatto allo scarico o al riutilizzo nell'ambiente. Questo materiale è spesso inavvertitamente contaminato da molti composti organici e inorganici tossici.

Le acque di scarico implicano la raccolta delle acque reflue dalle aree occupate e il loro convogliamento verso un punto di smaltimento (attualmente nell'area del campus non esiste un sistema di convogliamento di questo tipo, che deve essere realizzato). I rifiuti liquidi devono essere trattati prima di essere scaricati in un corpo idrico o smaltiti in altro modo senza mettere in pericolo la salute pubblica o causare condizioni offensive.

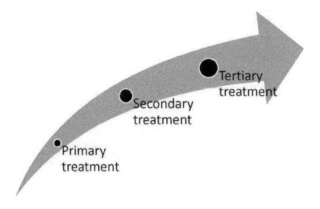

Fig 1.3 Diagramma di flusso generale di STP

Il **trattamento primario** consiste nel trattenere temporaneamente le acque reflue in un bacino di calma dove i solidi pesanti possono depositarsi sul fondo, mentre olio, grasso e solidi più leggeri galleggiano in superficie. I materiali sedimentati e galleggianti vengono rimossi e il liquido rimanente può essere scaricato o sottoposto a un trattamento secondario.

Il **trattamento secondario** rimuove la materia biologica disciolta e in sospensione. Il trattamento secondario è in genere effettuato da microrganismi indigeni presenti nell'acqua in un habitat gestito. Il trattamento secondario può richiedere un processo di separazione per rimuovere i microrganismi dall'acqua trattata prima dello scarico o del trattamento terziario.

Il **trattamento terziario** è talvolta definito come qualcosa di più del trattamento primario e secondario per consentire la reimmissione in un ecosistema altamente sensibile o fragile (estuari, fiumi a bassa portata, barriere coralline). L'acqua trattata viene talvolta disinfettata chimicamente o fisicamente (ad esempio, mediante lagune e microfiltrazione) prima di essere scaricata in un corso d'acqua, un fiume, una baia, una laguna o una zona umida, oppure può essere utilizzata per l'irrigazione di un campo da golf, una strada verde o un parco. Se è sufficientemente pulito, può anche essere utilizzato per la ricarica delle acque sotterranee o per scopi agricoli.

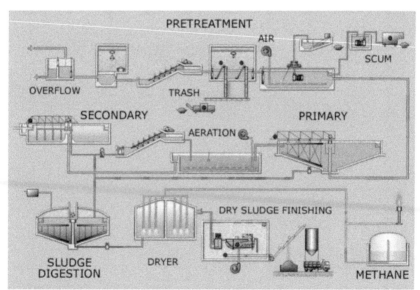

Fig 1.4 Diagramma del flusso di processo di un tipico impianto di trattamento su larga scala

1.1.8 Processo tipico in un STP

Il diagramma di flusso di un tipico STP è mostrato di seguito (le unità opzionali sono indicate in giallo).Processo tipico in un STP

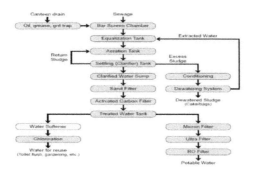

Fig 1.5.Il diagramma di flusso di un tipico STP

1.2 GIUSTIFICAZIONE

I prodotti occidentali di una società, compresi gli escrementi umani, sono stati raccolti, trasportati e smaltiti manualmente fino a un punto sicuro di smaltimento, dagli spazzini, da tempo immemorabile. Questo metodo primitivo di raccolta e smaltimento dei rifiuti della società è stato ora modernizzato e sostituito da un sistema in cui questi rifiuti vengono mescolati con una quantità sufficiente di acqua e trasportati attraverso condotti chiusi in condizioni di flusso gravitazionale. Questa miscela di acqua e prodotti di scarto, comunemente chiamata acque reflue, scorre automaticamente fino a un luogo dove viene smaltita, dopo aver subito un trattamento adeguato, evitando così di trasportare i rifiuti su teste o carri. Gli effluenti fognari trattati

può essere smaltito in un corpo idrico corrente, come un ruscello, oppure può essere utilizzato per l'irrigazione delle colture.

1.3 OBIETTIVO

> Progettare l'impianto di trattamento delle acque reflue per il campus JAU.
> Decidere il sito proposto per l'impianto di trattamento delle acque reflue.
> In altre parole, l'obiettivo del trattamento delle acque reflue è produrre un effluente smaltibile senza causare danni o problemi alle comunità e prevenire l'inquinamento.
> In pratica, il trattamento delle acque reflue è necessario solo nelle grandi città,

dove il volume delle acque reflue è maggiore, così come la quantità di vari tipi di acque solide e industriali.

> L'obiettivo principale delle unità di trattamento è quello di ridurre il contenuto di acque reflue (solidi) e di rimuovere tutti gli elementi che causano disturbi, modificando il carattere delle acque reflue in modo tale che possano essere scaricate in modo sicuro nei corsi d'acqua naturali e applicate sul terreno.
> Studiare il sistema di drenaggio.
> Studiare l'uso domestico dell'acqua.
> Utilizzare le acque reflue trattate per l'irrigazione.
> Per risparmiare il consumo di elettricità.

Uso/smaltimento delle acque reflue:

L'insufficiente capacità di trattamento delle acque reflue e la crescente produzione di acque reflue pongono il problema dello smaltimento delle acque reflue. Di conseguenza, attualmente, una parte significativa delle acque reflue viene bypassata negli impianti di depurazione e venduta agli agricoltori delle vicinanze a pagamento dal Water and Sewerage Board o la maggior parte delle acque reflue non trattate finisce nei bacini fluviali e viene utilizzata indirettamente per l'irrigazione. In aree come Vadodara, nel Gujarat, che non dispongono di fonti d'acqua alternative, una delle attività più redditizie per gli strati sociali più bassi è la vendita delle acque reflue e l'affitto di pompe per sollevarle (Bhamoriya, 2004). È stato riportato che l'irrigazione con le acque reflue o con quelle mescolate agli effluenti industriali consente di risparmiare dal 25 al 50% di fertilizzanti N e P e di aumentare la produttività delle colture del 15-27% rispetto alle acque normali (Anonimo, 2004). Si stima che in India circa 73.000 ettari di agricoltura perurbana (Strauss e Blumenthal, 1990) siano soggetti all'irrigazione con acque reflue. Nelle aree periurbane, gli agricoltori di solito adottano sistemi di produzione intensiva di ortaggi durante tutto l'anno (intensità di coltivazione del 300-400%) o di altri prodotti deperibili come il foraggio e guadagnano fino a 4 volte di più da un'unità di superficie rispetto all'acqua dolce (Minhas e Samra, 2004). Le principali colture irrigate con le acque reflue sono:

Cereali: Lungo un tratto di 10 km del fiume Musi (Hyderabad, Andhra Pradesh), dove vengono smaltite le acque reflue di Hyderabad, 2100 ettari di terreno vengono irrigati con le acque reflue per coltivare la risaia. Il grano viene irrigato con le acque reflue ad Ahmadabad e Kanpur.

Ortaggi: A Nuova Delhi, su 1.700 ettari di terreno irrigato con acque reflue nell'area intorno ai depuratori di Keshopur e Okhla, si coltivano vari ortaggi. In questi luoghi si coltivano ortaggi come cucurbitacee, melanzane, gombo e coriandolo in estate; spinaci, senape, cavolfiori e cavoli in inverno. A Hyderabad, nel bacino del fiume Musi si coltivano tutto l'anno ortaggi come spinaci, amaranto, menta, coriandolo, ecc.

Fiori: Gli agricoltori di Kanpur coltivano rose e calendule con le acque reflue. A Hyderabad, gli agricoltori coltivano il gelsomino con le acque reflue.

Alberi e parchi: a Hyderabad, le acque reflue trattate secondariamente vengono utilizzate per irrigare i parchi pubblici e gli alberi dei viali.

Colture foraggere: a Hyderabad, lungo il fiume Musi, circa 10.000 ettari di terreno sono irrigati con acque reflue per coltivare la paragrass, una specie di erba da foraggio.

Acquacoltura: La pesca con acque reflue di East Kolkata è il più grande sistema di utilizzo di acque reflue in acquacoltura al mondo.

CAPITOLO- 2
REVISIONE DELLA LETTERATURA

Con l'aumento lineare dell'industrializzazione e dell'urbanizzazione, la produzione di effluenti industriali e di acque reflue trattate è aumentata enormemente. Questa è diventata una delle principali fonti di inquinamento. Gli sbocchi per il suo smaltimento sono principalmente tre: le acque superficiali, l'atmosfera e il suolo. L'applicazione dei fanghi di depurazione, delle acque reflue municipali e degli effluenti industriali sul terreno per lo smaltimento viene praticata in molti luoghi. Tuttavia, tutte le acque reflue non possono essere utilizzate in tutti i tipi di terreno. Il terreno non deve essere dato per scontato come un serbatoio di rifiuti trascurato. Le qualità delle acque reflue influiscono sulla produttività del suolo. Ciò dipende dalla qualità delle acque reflue, dalla quantità utilizzata e dal terreno su cui vengono utilizzate. Inoltre, anche le condizioni climatiche locali influiscono sull'inquinamento residuo nel suolo. In questo capitolo si cerca di passare in rassegna il lavoro svolto sugli aspetti dell'utilizzo delle acque reflue come fonte di irrigazione e il loro effetto sulla produzione vegetale e sulle proprietà del suolo.

2.1 Effetto delle acque reflue trattate su resa, accumulo di nutrienti e qualità delle colture

La risposta di una pianta a un inquinante liquido è un'integrazione degli effetti di molti fattori come il tipo di suolo, il clima e la natura dell'inquinante. Larson et al (1975) hanno affermato che i rifiuti liquidi industriali possono essere utilizzati in modo sicuro ed efficace con le dovute precauzioni per aumentare la produttività del suolo.

2.1.1 Effetto delle acque reflue trattate sulla resa delle colture

Shechenko (1972) ha riportato che l'irrigazione con acque reflue trattate ha aumentato la resa in grani del frumento del 22-30,8%, quella dell'orzo del 13,9-20,6% e quella dei semi di pisello del 16,7-20,1%, ma ha avuto scarsi effetti sul contenuto proteico dei grani o dei semi.

Day e Kirkpatrick (1973) hanno studiato che l'avena coltivata in contenitori è stata irrigata con acque reflue municipali contenenti 24, 9 e 11 ppm di N, P e K, rispettivamente, o con acqua di pozzo e con 112 kg di N+37 kg di P ha-1. Non sono state osservate differenze in termini di altezza della pianta, tiller/pianta, resa in materia fresca e proteine totali tra il foraggio coltivato con l'acqua di pozzo e quello con l'acqua di scarico. Le rese di sostanza secca sono state più elevate con l'acqua di pozzo e i fertilizzanti. Katoria et al. (1981) hanno riportato una risposta positiva della produzione di foraggio verde con acqua di fogna trattata e fertilizzante N nel miglio perlato e nel sorgo.

Kutera e Plawinski (1974) hanno riscontrato che il mais da foraggio è stato coltivato in un terreno sabbioso argilloso e irrigato per aspersione con acqua di fogna trattata contenente 38,9 mg di N, 14,5 mg di P2O5 e 30,1 mg di K2O L-1 .Hanno riferito che il mais non irrigato con 80 kg di N, 40 kg di P2O5 e 90 kg di K2O ha prodotto 55,3 t di erba verde per ettaro, mentre il mais irrigato con 180, 360 e 540 mm di acqua di fogna trattata ha prodotto rispettivamente 53, 57,1 e 60,1 t ha-1, con 40 kg di N ha-1.

Day e Tucker (1977) hanno coltivato il sorgo da granella in un terreno sabbioso e limoso e hanno riferito che il numero medio di giorni dalla semina alla maturazione, la lunghezza delle foglie e la resa in granella erano più elevate nelle parcelle che ricevevano acqua di pozzo. Hanno suggerito che le acque reflue municipali possono essere una fonte efficace di acqua per l'irrigazione e di nutrienti per le piante nella produzione di granella di sorgo di alta qualità per l'alimentazione del bestiame.

Feign et al. (1978) hanno riportato che l'aumento della frequenza di irrigazione con effluenti fognari aumenta l'assorbimento di N da parte dell'erba di Rodi e che l'irrigazione con acque reflue trattate può eliminare l'applicazione di N senza alcuna riduzione della resa.

Un esperimento sul campo è stato condotto nell'Arizona meridionale da Day et al. (1979) per studiare l'effetto dell'irrigazione del grano con una miscela di acqua di pompa e acque reflue e con la sola acqua di pompa sulla crescita del grano, sulla resa in grani, sulla qualità dei grani, sulle proprietà del suolo e sulla qualità dell'acqua di irrigazione. La resa in grani più alta ottenuta quando il grano è stato irrigato con la miscela di acqua di pompa e acqua di scarico è stata superiore a quella prodotta quando il grano è stato coltivato con la sola acqua di pompa.

Sanai e Shaygan (1980) hanno osservato che la resa delle parcelle irrigate con acque reflue secondarie trattate era superiore a quella delle parcelle irrigate con acqua dolce, indipendentemente dall'applicazione di fertilizzanti. La resa dell'erba medica nelle parcelle irrigate con acqua dolce (controllo) diminuiva con il tempo, mentre quella delle parcelle irrigate con acque reflue aumentava a causa dell'accumulo di nutrienti.

Day et al (1981) hanno rivelato che il cotone irrigato con una miscela di acque reflue e acqua di pompa è cresciuto più in altezza e con una maggiore crescita vegetativa rispetto a quello irrigato con la sola acqua di pompa. Quando il cotone è stato irrigato con la miscela di acque reflue e acqua di pompa, le rese del cotone da seme e della lanugine sono state superiori a quelle del cotone irrigato con acqua di pompa. Le acque reflue municipali possono essere utilizzate efficacemente come fonte di acqua per l'irrigazione e di nutrienti per le piante nella produzione commerciale di cotone.

L'influenza delle acque reflue municipali sulla crescita e sulla resa dell'erba medica è stata studiata da Day et al. (1982). I risultati hanno indicato che l'erba medica irrigata con una miscela di acque reflue e acqua di pompa (50:50) ha prodotto piante più alte e una maggiore resa in fieno rispetto all'erba medica coltivata con la sola acqua di pompa. Il Mg l-1 ha dato una resa maggiore rispetto all'irrigazione con acqua semplice e all'applicazione di NPK.

Nagaraja e Krishnamurthy (1989) hanno studiato l'effetto delle acque reflue grezze da sole e con il 33, 50 o 100% della dose raccomandata di fertilizzanti (100 kg di N + 50 kg di P2O5 + 50 kg di K2O ha1) sulla resa in risone di 6 cultivar di riso. Hanno riferito che la resa media è risultata la più alta (3,20 t ha1) con le acque reflue ed è diminuita con le acque reflue + NPK (2,89-2,95 t ha1).

Hayes et al. (1990) hanno riportato che l'irrigazione con effluenti fognari secondari ha determinato una crescita più rapida del tappeto erboso rispetto all'irrigazione con acqua potabile. Inoltre, un contenuto di P più elevato nell'acqua di scarico, rispetto all'acqua potabile, ha favorito l'insediamento delle piantine.

Uno studio in serra condotto da Narwal et al. (1990) per analizzare l'effetto dell'acqua di fogna trattata arricchita di Cd sulla resa del mais ha indicato che la crescita delle piante è diminuita con l'aumentare della concentrazione di Cd applicata e nei terreni sabbiosi, 400 ppm di Cd hanno ucciso le piante entro 2 settimane.

Singh et al. (1993) hanno condotto un esperimento per studiare le tre fonti d'acqua e hanno notato che tutte e tre le acque non presentavano problemi di salinità e contenevano solo quantità trascurabili di nitrati e N ammonico, un basso contenuto di P e K ed erano sicure per l'irrigazione. Indipendentemente dal tasso di NPK, l'irrigazione con acque reflue trattate ha prodotto la più alta resa in foraggio, seguita dall'acqua proveniente dagli effluenti delle fabbriche e dall'acqua dei pozzi. L'elevata resa ottenuta con l'acqua di fogna trattata era legata al suo elevato contenuto di on e quindi la risposta all'NPK è stata lieve o negativa (a tassi elevati), mentre la risposta ai tassi NPK è stata evidente con l'acqua del pozzo tubolare, che era povera di nutrienti.

Zalawadia e Raman (1994) hanno riportato che il sorgo cv. GJ-36 irrigato con acqua di scarico della distilleria diluita e fornito con il 75% dei fertilizzanti NPK raccomandati ha dato una resa simile al trattamento irrigato con acqua di pozzo e fornito con il tasso di fertilizzanti NPK raccomandato.

Singh et al. (1995) hanno condotto un esperimento in campo a Rishikesh (Uttar Pradesh) su sorgo, mais e cowpea con acque reflue trattate ed effluenti di una fabbrica farmaceutica o con acqua proveniente da un pozzo tubolare, cui sono stati somministrati 0, 50, 100 o 150 kg di N + 60 kg + 40 kg di K ha1 o nessun fertilizzante. Le rese foraggere di sorgo e mais sono state più alte con le acque reflue trattate e più basse con l'acqua di un pozzo tubolare. L'applicazione di fertilizzanti ha complessivamente aumentato la resa foraggera. La risposta all'applicazione di NPK è stata costante nel mais e nel sorgo irrigati con pozzi tubolari, ma variabile nei trattamenti irrigati con acque reflue trattate o effluenti di fabbrica. La resa foraggera del Cowpea non è stata influenzata dalla fonte di irrigazione o dall'applicazione di fertilizzanti.

Tiwari et al. (1996) hanno studiato l'influenza delle acque reflue trattate e dell'acqua di pozzo con diversi livelli di fertilizzanti sul riso e sulle proprietà del suolo. La resa in chicchi e paglia del riso è aumentata con l'applicazione di tutti i livelli di fertilizzante sia con l'acqua di fogna trattata sia con l'acqua di pozzo.

Bhatia et al. (2001) hanno studiato l'effetto dell'applicazione delle acque reflue sul contenuto e sull'assorbimento dei nutrienti, hanno identificato i problemi associati all'uso delle acque reflue e hanno suggerito metodi ecologicamente sicuri per l'applicazione delle acque reflue in agricoltura. L'applicazione di acque reflue ha aumentato la resa delle colture rispetto all'irrigazione con acqua dolce.

Malarvizhi e Rajamannar (2001) hanno riportato che l'irrigazione con acqua di fogna ha aumentato significativamente la resa di foraggio verde. L'effetto di interazione tra 100 kg di N e l'irrigazione con acque reflue trattate ha fatto registrare la più alta resa di foraggio verde, pari a 357 t ha-1 .

2.1.2 Effetto delle acque reflue trattate sull'accumulo di nutrienti e sulla qualità delle colture

Day et al (1974) hanno riportato che le piante di grano coltivate con acqua di scarico contengono un contenuto di fibre totali più elevato rispetto a quelle prodotte con acqua di pozzo. Una maggiore resa in fieno è stata ottenuta quando il grano è stato coltivato con acqua di scarico, seguita dal fieno prodotto con acqua di pozzo più N, P e K nelle quantità presenti nell'acqua di scarico. L'applicazione di N ha ridotto favorevolmente il contenuto di fibra grezza del foraggio attraverso l'aumento della succulenza, un fattore molto legato all'assunzione di cibo. Il contenuto di fibra grezza del sorgo da foraggio è stato alterato in larga misura dall'irrigazione con acque reflue e il valore più alto è stato osservato con il lavaggio domestico (Gladis, 1995).

Menser et al (1979) hanno riportato che l'irrigazione con percolato (discariche sanitarie comunali) ha aumentato sensibilmente il contenuto di Na, Fe, Mn, CI e S in tutte le erbe da foraggio, ad eccezione dell'orchidea. I metalli pesanti (Zn, Cu,

Pb, Cd, Ni e Co) nelle sei graminacee da foraggio hanno mostrato variazioni minime nella concentrazione dopo otto mesi di irrigazione con percolato. Olsen et al. (1978) hanno osservato che il Cd era l'unico metallo che si accumulava nel materiale vegetale raccolto da siti che ricevevano acqua di fogna, mentre Ni, Ag, Pb, Mn e Co non venivano trovati nelle piante. L'applicazione di acque reflue trattate ha aumentato il contenuto di N e K nelle piante (Palazzo e Jenkins, 1979).

Kansal e Singh (1983) hanno osservato che le piante (mais, berseem, cavolfiore, spinaci) raccolte da terreni irrigati con acque reflue municipali avevano un contenuto di Fe, Mn, Zn, Cu, Pb e Cd notevolmente più elevato rispetto a quelle provenienti da terreni irrigati con pozzi tubolari.

Bole et al. (1985) hanno riportato che l'applicazione di 98 cm annui di acque reflue municipali all'erba medica e al canneto ha aumentato il contenuto di N, P, K, Fe, Mn, Zn, Cu, Ffe e nell'erba medica e di K, Fe, Zn, Co, Pb e As nel canneto. L'irrigazione con acque reflue non ha portato a livelli di elementi fitotossici per le piante o dannosi per gli animali che consumano il foraggio e probabilmente ha aumentato la qualità nutrizionale del foraggio.

Jeyaraman (1988) ha studiato l'effetto dell'applicazione di 0, 20, 40, 60 o 80 kg di N ha-1 sulla resa di sostanza secca (DM) e proteina grezza (CP) dell'erba ibrida Napier coltivata con acqua di effluenti fognari su un terreno sabbioso e argilloso. I tassi crescenti di N hanno aumentato da 1,87 a 5,32 t CP ha1 e il contenuto di CP dal 7,49 al 9,96% in 2 anni di prova. Vitkovaskii (1981) ha osservato un più alto contenuto di proteine grezze nell'erba napier con l'applicazione di N fino a 360 kg N ha-1 annui. La Medicogo sativa irrigata con acqua di fogna trattata e acqua di canale ha dato una resa in proteine grezze rispettivamente di 1,77 e 1,44 t ha-1 (Andreev e Grislis, 1990).

Khatari e Jamajum (1988) hanno osservato che il contenuto di Ni, Cd e Pb nelle foglie e nei semi non è stato influenzato, mentre il contenuto di N e K è aumentato a causa dell'irrigazione con acque reflue trattate; tuttavia, il contenuto di P tendeva a ridursi marginalmente.

Uno studio in serra condotto da Narwal et ah (1991) per analizzare l'effetto dell'acqua di fogna trattata arricchita di Ni sulla resa e sul contenuto di metalli pesanti del mais ha indicato che l'applicazione di acqua di fogna trattata al suolo per otto anni non ha provocato alcun accumulo di Ni, Zn, Mn, Fe e Cu nei tessuti delle piante.

Singh et al (1991) hanno riportato che la concentrazione di Fe, Mn, Zn, Cu, Pb, Cd, Ni e Cr nei tessuti vegetali aumentava significativamente con l'aumentare del numero di irrigazioni di acque reflue trattate.

Un esperimento sul campo condotto da Arora e Chftibba (1992) a Ludhiana ha rivelato che il terreno irrigato con acque reflue era meno alcalino e conteneva più Cu disponibile e meno $CaCO_3$ e materia organica rispetto al terreno non trattato. L'irrigazione con acque reflue ha aumentato il livello di Cu e Fe, mentre ha abbassato il contenuto di Mn e S nel grano. Il contenuto di Mn e Cu del riso è stato aumentato dall'irrigazione con acque reflue. L'incidenza di carenze di micronutrienti è risultata inferiore nei terreni irrigati con acque reflue.

Gadallah (1994) ha osservato che le piante trattate con acque reflue presentavano livelli più elevati di zuccheri solubili, carboidrati idrolizzabili e proteine solubili rispetto alle piante di controllo, mentre il contenuto di aminoacidi è risultato variabile. Le piante coltivate con acque reflue hanno accumulato maggiori quantità di Fe e Na, e Mn in misura minore nelle radici[A] mentre le concentrazioni di Cl, Mg, Ca, P e Zn erano più elevate nei germogli.

Gladis et al (2000) hanno studiato l'effetto dell'irrigazione con acque reflue e dei tassi di fertilizzazione con N e P sul contenuto di acido cianidrico (HCN) e nitrato (NO_3) del sorgo da foraggio cv. Co.27. Il contenuto di HCN e NO_3 è risultato elevato nel foraggio irrigato con acque reflue e il valore più alto è stato ottenuto in corrispondenza della stalla I. Il contenuto di HCN e NO_3 è risultato elevato nei foraggi irrigati con acque reflue e il valore più alto è stato ottenuto in corrispondenza del lavaggio della stalla I. L'applicazione di N ha aumentato, mentre il P ha diminuito questi componenti tossici nel foraggio. Con l'avanzare della crescita delle colture, si è osservata una diminuzione del contenuto di HCN e NO_3.

Malarvizhi e Rajamannar (2001) hanno riportato che l'irrigazione con acqua di fogna trattata ha portato a un contenuto più elevato di K, Ca, Fe, Mn e Zn nell'erba BN-2. Una diminuzione del contenuto di fibra grezza è stata osservata a causa della maggiore applicazione di N con entrambe le fonti di acqua di irrigazione, a causa del suo coinvolgimento nella sintesi proteica. L'analisi chimica dei metalli nelle parti delle piante ha mostrato che Cu, Fe e Zn erano molto più elevati nelle piante raccolte in siti con acque reflue trattate (Campbell et al, 1983).

Malik et al. (2004) hanno determinato l'entità dell'accumulo di micronutrienti (Zn, Cu, Fe e Mn) e di metalli pesanti (Cd, Cr, C0, Ni e Pb) in alcuni terreni e colture irrigate con acque reflue trattate. Hanno riferito che il Pb non è stato rilevato in nessuna delle colture. La concentrazione di Cd e Ni era massima nelle colture foraggere, mentre Cr e Co erano massimi nelle colture oleaginose. Zn, Cu e Fe sono stati rilevati al massimo negli ortaggi, mentre una maggiore concentrazione di Mn è stata osservata nelle colture foraggere.

Fonseca et al (2005) hanno riportato che l'acqua di irrigazione degli effluenti fognari trattati secondariamente non ha influenzato il contenuto di S, B, Cu, Fe e manganese Mn nei germogli di piante adeguatamente fertilizzate, ma ha indotto una diminuzione del contenuto di Zn nei germogli.

2.2 Effetto delle acque reflue trattate sulle proprietà del suolo

È stato riportato che l'uso di effluenti come acqua di irrigazione influisce sui microbi del suolo (Emmimath e Rangaswami, 1971), ritarda il processo di nitrificazione (Pang et al, 1975), riduce il pH del suolo (Intraweck et al, 1982), aumenta l'inquinamento delle falde acquifere (Smith, 1976), provoca l'accumulo di sali (Subbiah e Ramalu, 1979), aumenta le perdite di N attraverso la lisciviazione, la volatilizzazione e la denitrificazione (Smith, 1976), ecc. Tuttavia, se utilizzato in modo appropriato, non può creare alcun problema e molte volte è stato riportato che migliora la produttività del suolo (Adarkatti e Rao, 1980 e Anon., 1989) e riduce la spesa per i fertilizzanti (Noy e Kalmar, 1970).

In Israele, sulla base di 25 anni di sperimentazione, Noy e Akiva (1977) hanno riportato che l'irrigazione con acque reflue con un contenuto di sostanza organica di 150 g m-3 ha aumentato la CEC e il contenuto di sostanza organica del suolo. Olsen et al.

(1978) ha riportato che l'Ag, il Cd e il Pb sono più elevati nello strato superficiale del suolo che riceve effluenti di acque reflue. Non è stato riscontrato un accumulo significativo di metalli.

Cunningham et al. (1975) hanno concluso che l'assorbimento di Cr da parte delle colture è diminuito significativamente con l'aumento della concentrazione di Cr nei fanghi, indicando che il Cr potrebbe inibire la traslocazione di altri metalli. Ciò è stato confermato dall'analisi dei tessuti, che ha mostrato che con l'aumento del Cr nei fanghi, le concentrazioni tissutali di altri metalli sono diminuite. Le concentrazioni tissutali di Cu e Zn sono risultate rispettivamente di 20 e 400 ppm e quindi nell'intervallo di tossicità considerato per le piante.

Ramanathan et al (1977) hanno riportato un contenuto di N disponibile più elevato nel terreno irrigato con acque reflue rispetto a quello irrigato con acqua di pozzo. L'applicazione combinata di concime organico (FYM) e fertilizzanti in rapporto 50:50 @ 100 kg di N ha-1 insieme a 80 kg di P2O5 ha1 con l'irrigazione delle acque reflue ha aumentato i nutrienti disponibili (N e P) dopo il raccolto della coltura foraggera (Tripathi e Hazra, 1996). Palazzo e Jenkins (1979) hanno affermato che le acque reflue fornivano annualmente da 231 a 433 kg ha1 di N e da 36 a 153 kg ha-1 di K.

Abdou e Nennah (1980) hanno condotto un esperimento sul campo in un'area di sabbia argillosa dove i fanghi liquidi di depurazione della città del Cairo sono stati utilizzati come fonte di irrigazione per 2, 25, 35 e 45 anni. Hanno riferito che con l'uso dei fanghi liquidi di depurazione, anno dopo anno, le forme totali e solubili dei micronutrienti (Fe, Mn e Zn) sono aumentate nei suoli. Successivamente, Nennah et al. (1982) hanno riscontrato che l'uso degli effluenti di depurazione ha aumentato lo 0 solubile e i metalli pesanti (Pb, Cd, Cu, Cr e Co) nei suoli del Cairo.

L'irrigazione a lungo termine con acque di fogna (2000-4000 mm all'anno) ha aumentato il contenuto di sostanza organica del suolo e ne ha migliorato le proprietà fisiche, chimiche e idrologiche (Bocko, 1980). Rana e Kansal (1983) hanno riportato che i suoli irrigati con acque di fogna trattate hanno determinato un pH elevato, un contenuto di carbonio organico e hanno trattenuto una maggiore quantità di Cd con un'elevata tenacità. Il pH, l'EC, il carbonio organico e il contenuto totale di NPK dei suoli irrigati con acque reflue trattate erano relativamente più elevati rispetto all'acqua di pozzo (Tiwari et al., 1996).

L'effetto di 90 giorni di irrigazione a goccia con effluenti fognari sulla ridistribuzione dell'acqua dopo l'irrigazione è stato studiato da Burns e Rawitz (1981) in colonne di terreno contenenti due strati di terreno di diversa tessitura e contenuto di sostanza organica. I risultati hanno indicato che l'aumento della ritenzione idrica dei suoli sottoposti a irrigazione con effluenti era dovuto all'aggiunta di sodio e di sostanza organica al suolo attraverso le acque reflue, che interagivano sulla superficie attiva delle particelle del suolo.

L'aggiunta di fanghi di depurazione ai residui colturali ha aumentato il contenuto di N e accelerato la decomposizione dei residui durante l'incubazione in laboratorio. Il contenuto di P e K è aumentato e il rapporto C/N è stato ridotto dal trattamento con fanghi di depurazione che ha anche stimolato la popolazione batterica, di attinomiceti e di funghi (Rajasekaran e Sampathkumar, 1981).

Baddesha et al. (1986) hanno concluso che le acque reflue trattate dell'Haryana hanno un pH compreso tra 7,0 e 7,5, una EC compresa tra 0,93 e 2,87 dSm-1 e un rapporto di adsorbimento del sodio compreso tra 1,56 e 5,96 meq l-1. Le cinque irrigazioni di 7,5 cm ha-1 di acqua di fogna trattata fornirebbero per ettaro: 181 kg di N, 28

kg P, 270 kg K, 130 kg S, 1,3 kg Zn, 0,8 kg Cu, HS kg Fe e 1,4 kg Mn. L'acqua aveva una bassa richiesta biochimica di ossigeno (BOD) e conteneva pochi elementi tossici (Pb, Cd e Nl).

El-Naim et al (1986) hanno studiato l'effetto di diversi periodi di applicazione di acque reflue trattate (0, 1, 2, 3, 4 e 5 anni) sulle proprietà fisiche del suolo. Lo spazio poroso è diminuito con l'aumentare del periodo di applicazione delle acque reflue trattate, mentre è diminuito a causa dell'aumento delle frazioni argillose fini e del contenuto di materia organica. La capacità di ritenzione idrica è diminuita con l'aumentare del periodo di applicazione delle acque reflue trattate. L'aumento dell'applicazione di acque reflue trattate è stato associato a una marcata diminuzione del tasso di infiltrazione di base (BIR). Jurcova et al (2001) hanno osservato! che l'aumento del contenuto di argilla ha ridotto la mineralizzazione del C, mentre è diminuita con l'aumento delle frazioni sabbiose.

Singh e Kansal (1983) hanno riportato che l'applicazione di acque reflue municipali aumenta l'accumulo di Fe, Mn, Zn, Cu, Pb e Cd disponibili nel suolo. Azad et al. (1986) hanno osservato il contenuto di Cd, Ni e Co totali nello strato superficiale di terreni normali (cioè non irrigati con acque reflue trattate) nell'intervallo da 0,53 a 1,05, da 18,0 a 30,0 e da 11,0 a 21,0 ppm, rispettivamente. I valori corrispondenti per i terreni trattati con acque reflue erano rispettivamente da 0,83 a 1,58, da 35,0 a 65,0 e da 16,0 a 31,0 ppm.

Azad et al. (1987) hanno confermato che il contenuto di N disponibile nei suoli superficiali irrigati con acque reflue trattate e acqua di pozzo tubolare era rispettivamente di 87 e 51 ppm e diminuiva con la profondità; il contenuto di P disponibile seguiva un andamento simile. I contenuti di P e K totali dei suoli modificati con acque reflue erano rispettivamente del 47 e del 34% superiori a quelli dei suoli irrigati con pozzi tubolari; il P totale diminuiva e il K totale aumentava con la profondità. Malik et al. (2004) hanno riportato una maggiore concentrazione di micronutrienti nei terreni irrigati con liquami rispetto a quelli non irrigati. Il contenuto di metalli pesanti era piuttosto vario, ma le loro concentrazioni nei campioni di terreno sono risultate entro i limiti di sicurezza.

Janowska (1987) ha studiato alberi forestali su un terreno sabbioso irrigato con diversi tassi di acqua di fogna e di pozzo. L'irrigazione con acqua di fogna trattata (fino a 100 mm settimana-1) ha influenzato positivamente il pH del suolo, la CEC, l'N totale, il C organico e la percentuale di saturazione della base. La salinizzazione non è stata evitata a causa della rapida lisciviazione. Anche l'irrigazione con acqua di pozzo è risultata favorevole, ma è stata meno estesa per le trasformazioni del suolo.

CAPITOLO- 3

MATERIALI E METODI

Questo capitolo tratta dei materiali utilizzati e della metodologia adottata per la realizzazione dell'esperimento nell'area di studio del campus JAU per la progettazione dell'impianto di trattamento delle acque reflue.

3.1 UBICAZIONE DELL'IMPIANTO DI TRATTAMENTO

L'impianto di trattamento dovrebbe essere situato il più vicino possibile al punto di smaltimento, ma attualmente nel campus non esiste un sistema di drenaggio delle acque reflue, che deve essere realizzato per primo. Se infine le acque reflue devono essere applicate sul terreno, l'impianto di trattamento deve essere situato vicino al terreno, in un punto da cui le acque reflue trattate possano fluire direttamente con la forza gravitazionale verso il punto di smaltimento. L'impianto non dovrebbe essere molto distante dall'origine delle acque reflue per ridurre la lunghezza della linea fognaria.

D'altra parte, il sito non dovrebbe essere vicino all'area interessata, in quanto potrebbe causare difficoltà nell'espansione dell'area interessata e potrebbe inquinare l'atmosfera generale con odori e mosche. Nell'area in questione, la pendenza generale del terreno è osservata da nord-est a sud-ovest, se l'impianto si stabilisce a sud-ovest, allora potrebbe esserci un problema di inquinamento dell'atmosfera generale da parte di odori e mosche.

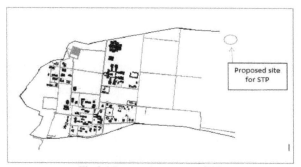

Fig 3.1 Lato proposto per STP

3.2 LAYOUT DELL'IMPIANTO DI TRATTAMENTO

Per l'impianto di trattamento delle acque reflue occorre tenere presente i seguenti punti

- Tutti gli impianti devono essere collocati in ordine di sequenza, in modo che le acque reflue di un processo vadano direttamente ad altri processi.
- Se possibile, tutti gli impianti devono essere situati a un'altezza tale che le acque reflue possano fluire da un impianto all'altro solo con la forza di gravità.
- Tutte le unità di trattamento devono essere disposte in modo tale da richiedere una superficie minima, garantendo così un'economia di costi.
- Dovrebbe essere occupata un'area sufficiente per un futuro ampliamento.
- Anche il quartiere e l'ufficio del personale dovrebbero essere situati vicino all'impianto di trattamento, in modo che gli operatori possano sorvegliare facilmente l'impianto.
- Il sito dell'impianto di trattamento deve essere molto ordinato e avere un aspetto gradevole.
- Devono essere previsti un bypass e uno sbarramento di troppo pieno per interrompere il funzionamento di qualsiasi unità quando necessario.
- Tutti i canali e le condutture devono essere posati in modo da ottenere flessibilità, convenienza ed economia nell'operazione.

3.3 PERIODO DI PROGETTAZIONE

Un progetto di fognatura comporta la posa di tubi sotterranei e la costruzione di costose unità di trattamento, che non possono essere sostituite o aumentate di capacità in modo facile e conveniente in un secondo momento. Per evitare tali complicazioni, le future espansioni del campus e il conseguente aumento della quantità di acque reflue devono essere previsti per servire la comunità in modo soddisfacente per un anno ragionevole. Il periodo futuro per il quale si prevede di progettare le capacità

dei vari componenti della rete fognaria è noto come periodo di progettazione. Questo impianto di trattamento delle acque reflue è stato progettato per 30 anni.

Tabella 3.1 Rapporto di prova dei campioni di acque reflue del Campus JAU

PARAMETRI	FOGLIE RAW del campus JAU	EFFLUENTE (previsto)
pH	7.33	5.5-9.0
DBO	106.87	< 20 mg/l
COD	100.26	< 250 mg/l
Olio e grasso	NA.	< 5 mg/l
Solidi totali sospesi	33.04	< 30 mg/l
Azoto	NA.	< 5 mg/l
Ammoniaca Azoto	NA.	< 50 mg/l
Fosforo totale (come PO4)	NA.	< 5 mg/l
Modulo Coli totale	5.29 x 106	< 1000 no/100 ml

3.3.1 PREVISIONE DELLA POPOLAZIONE:

Metodo di previsione: **Metodo dell'incremento incrementale.**

Tabella 3.2 Previsione della popolazione del campus JAU

Anno	Popolazione	Incrementale	Incrementale Aumento
2012	1418	10%	141.8
2022	1560	10%	156
2032	1716	10%	171.6
2042	1888	10%	188.8
		Avg =10%	Media=164,55

3.3.2 CALCOLO DELLA PRODUZIONE DI ACQUE REFLUE:

Periodo di progettazione finale = 30 anni

Popolazione attuale al 2012=1418(Allegato-A)

Popolazione prevista al 2042=1888 (Allegato-B)

Approvvigionamento idrico pro capite= 152 lpcd (Allegato-C)

Approvvigionamento idrico medio al giorno = 1888 x 152

$$= 286976$$
$$= 0,28 \text{ MLD}$$

Produzione media di acque reflue al giorno = 80% dell'acqua fornita

$$= 0.8 \times 0.28$$
$$= 0,224 \text{ MLD}$$

In cumec,

Produzione media di acque reflue al giorno $= \frac{0.224 \times 10^6}{1000 \times 24 \times 60 \times 60}$ (Garg-1996)

Scarico medio =0,002824cumec

Scarico max. Scarico= 3 x scarico medio

$$= 3 \times 0.0028$$

$$= 0,008472 \text{cumec}$$

3.3.3 PUNTO CONSIDERATO NELLA PROGETTAZIONE:

Durante la progettazione dell'unità di trattamento delle acque reflue vengono presi in considerazione i seguenti punti:

- Il periodo di progettazione dovrebbe essere compreso tra 25 e 30 anni.
- La progettazione non deve essere effettuata sulla base del flusso di acque reflue orario, ma sulla base del flusso domestico medio registrato annualmente.
- Invece di fornire un'unità di grandi dimensioni per ogni trattamento, si dovrebbero fornire più di due unità di piccole dimensioni, che garantiranno il funzionamento e l'assenza di interruzioni durante la manutenzione e la riparazione dell'impianto.
- Gli sbarramenti di troppo pieno e i bypass devono essere previsti per tagliare il funzionamento particolare, se lo si desidera.
- La velocità di autopulizia dovrebbe svilupparsi in ogni luogo e in ogni fase.
- La progettazione delle unità di trattamento deve essere economica, facile da mantenere e flessibile nel funzionamento.

3.4 CAMERA DI RICEZIONE

La camera di ricezione è la struttura che riceve le acque reflue grezze raccolte attraverso il sistema fognario sotterraneo dall'area del campus. Si tratta di un vasca di forma rettangolare costruita all'ingresso dell'impianto di depurazione.
La condotta fognaria principale è direttamente collegata a questo serbatoio.

- **DESIGN:**

Flusso di progetto = 0,0084 cumec

Tempo di detenzione = 24 X 60 X 60 sec(1/2 giorno)

Volume richiesto = portata X tempo di detenzione

$$= 0,0084 \times 3600 \times 12$$

$V_{rqd} = 362,88 \text{ m}^3$

Fornire, profondità = 2,5 m

Area $= \dfrac{362,88}{2,5} = 145,152 \text{ m}^2$

Qui forniamo un serbatoio circolare ricevitore

quindi, Area del cerchio = $^\wedge$ x D_2 = 145,152

D = 13,6 m diciamo 14 m

[Diametro del serbatoio ricevitore 14 m e profondità del serbatoio 2,5 m]

- **CONTROLLO:**

Volume progettato = 153,86 x 2,5

$V_{des} = 384,65 \text{ m}^3$

$V_{rqd} = 362,88 \text{ m}^3$

$V_{des} > V_{rqd}$

La camera di ricezione è progettata per le dimensioni di 14 m0X 2,36 m(SWD)+0,14m(FB)=388,65 m³

Vogliamo far funzionare il nostro STP per 3 ore al giorno Quindi,

$$= \dfrac{362.88}{1.5 \times 3600} = 0.0672 \text{ m}^3/\text{s}$$

Generazione di scarico

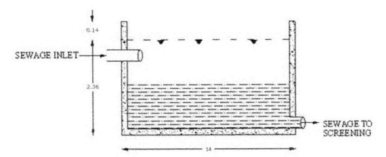

Fig 3.2 Sezione trasversale della camera ricevente

3.5 SCREENING GENERALE:

Lo screening è la prima operazione effettuata in un impianto di trattamento delle acque reflue.

in modo da intrappolare e rimuovere i materiali galleggianti come foglie di alberi, carta, ghiaia, pezzi di legno, stracci, fibre, assorbenti e rifiuti di cucina, ecc.

1 Tubo di ingresso per l'STP. Detriti

2 Muck (sedimenti nelle acque reflue)

3 Griglia

4 Liquami schermati

5 Tubo di uscita (va alla

6 Serbatoio di equalizzazione) Piattaforma con fori di drenaggio

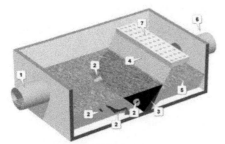

Fig. 3.3: una tipica camera di vagliatura a barre

- **SCOPO DELLO SCREENING:**

La vagliatura è essenziale nel trattamento delle acque reflue per rimuovere i materiali che altrimenti danneggerebbero l'impianto o interferirebbero con il buon funzionamento dell'unità di trattamento o delle apparecchiature.

- Per proteggere le pompe e le altre apparecchiature da possibili danni dovuti a materiale galleggiante.
- Rimuovere le principali sostanze galleggianti dalle acque reflue grezze in modo semplice, prima che queste entrino nel complesso processo ad alta energia richiesto.

- **SCHERMO COPERTO**

I vagli grossolani sono costituiti essenzialmente da barre o piatti d'acciaio posizionati con un'inclinazione da 30° a 60° rispetto all'orizzontale. L'apertura tra le barre è di 50 mm o superiore. Queste rastrelliere sono collocate nella camera di vagliatura prevista nel percorso della linea fognaria.

La larghezza del canale della rastrelliera deve essere sufficiente a garantire una velocità di autopulizia e deve essere previsto un canale di bypass per evitare il rovesciamento. Il canale di bypass è dotato di una griglia verticale. Per immagazzinare le impurità durante la pulizia della rastrelliera è prevista una vasca ben drenata. Queste rastrelliere vengono pulite meccanicamente.

- **Funzione**

La funzione del vaglio a barre è quella di impedire l'ingresso di particelle solide/articoli al di sopra di una certa dimensione, come bicchieri di plastica, piatti di carta, sacchetti di polietilene, preservativi e assorbenti igienici nel STP. (Se questi oggetti possono entrare nel STP, intasano e danneggiano le pompe del STP e causano l'interruzione dell'impianto). La vagliatura si ottiene posizionando uno schermo fatto di barre verticali, posizionato attraverso il flusso di liquami.

> Gli spazi tra le barre possono variare tra 10 e 25 mm.
> Gli STP più grandi possono avere due vagli: Un vaglio a barre grosse con spazi più ampi tra le barre, seguito da un vaglio a barre fini con spazi più ridotti tra le barre.
> Nei piccoli STP, può essere sufficiente un unico vaglio a barre sottili.

Se l'unità viene lasciata incustodita per lunghi periodi di tempo, genererà una quantità significativa di odori e provocherà un ristagno di acque reflue nelle tubature e nelle camere in entrata.

- **Considerazioni sul funzionamento e sulla manutenzione**
    > Controllare e pulire lo schermo della barra a intervalli frequenti.
    > Non permettere ai solidi di traboccare o fuoriuscire dal filtro.
    > Assicurarsi che non si formino grandi spazi vuoti a causa della corrosione dello schermo.
    > Sostituire immediatamente il paravento corroso/inutilizzabile.

- **Risoluzione dei problemi**

Problema	Causa
Gli articoli di grandi dimensioni passano attraverso e soffocano le pompe.	Le particelle di grandi dimensioni passano attraverso e soffocano le pompe. Design scadente / funzionamento scadente / schermo danneggiato
Il livello dell'acqua a monte è molto più alto di quello a valle	Cattivo funzionamento (pulizia inadeguata)
Raccolta eccessiva di rifiuti sullo schermo	Funzionamento scadente
Odore eccessivo	Pratiche di gestione e smaltimento dei rifiuti inadeguate

- **Criteri di progettazione**

I criteri di progettazione si applicano più al dimensionamento e alle dimensioni della camera di vagliatura che al vaglio stesso.
    > La camera di vagliatura deve avere un'area di apertura della sezione trasversale

sufficiente per consentire il passaggio delle acque reflue alla portata di picco (da 2,5 a 3 volte la portata media oraria) a una velocità di 0,8-1,0 m/s,

(L'area della sezione trasversale occupata dalle barre del paravento stesso non è da conteggiare in questo calcolo).

> La griglia deve estendersi dal pavimento della camera fino a un minimo di 0,3 m al di sopra del livello massimo di progetto delle acque reflue nella camera in condizioni di flusso di picco.

- PROGETTAZIONE DI UN VAGLIO GROSSOLANO:

Portata di picco delle acque reflue = $0,0672 \text{ m}^3/\text{s}$

Si supponga che la velocità al flusso medio non possa superare 0,8 m/s.

La superficie netta dell'apertura dello schermo richiesta $= \dfrac{0.0672}{0.25}$

$$= 0.268 \text{ m}^2$$

Apertura libera tra le barre = 30 mm = 0,03 m

Dimensioni delle barre = 75 mm x 10 mm

Si supponga che la larghezza del canale sia di 1 m (Garg-1996).

Le barre dello schermo sono posizionate a 60° rispetto all'orizzontale.(Garg-1996)

Velocità attraverso il filtro con flusso di picco = 1 m/s (Garg-1996)

Area libera $= \dfrac{0.268}{1 \sin 60}$ (Garg-1996)

$$= 0.308 \text{ m}^2$$

Numero di aperture libere $= \dfrac{0.308}{0.03}$

$$= 10,26\text{N}.$$

Diciamo 12 barre a 30 mm di distanza.

Larghezza del canale = (12 x 10) + (13 x 30)

= 510 mm = 0,51 m

Larghezza del canale = 0,51 m

Il canale di vagliatura grossolano è progettato per le dimensioni di

[**0,51 m X 0,7 m (SWD) + 0,3 m (FB)**]

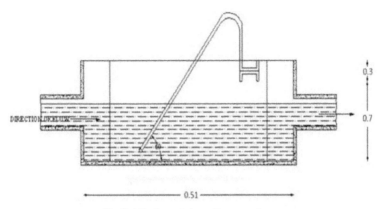

Fig 3.4 Sezione del vaglio grossolano

3.6 CAMERA DI GRANIGLIA

I bacini di rimozione della graniglia sono bacini di sedimentazione posti davanti al vaglio fine per rimuovere le particelle inorganiche con peso specifico di 2,65 come sabbia, ghiaia, graniglia, gusci d'uovo e altri materiali nonputriscenti che possono intasare i canali o danneggiare le pompe a causa dell'abrasione e per prevenire il loro accumulo nei digestori dei fanghi.

In questo caso, la camera di granulazione a flusso orizzontale è progettata per fornire una velocità di flusso rettilinea orizzontale, che viene mantenuta costante al variare della portata.

- **DESIGN:**

Portata di picco delle acque reflue = 0,0672 m/s^3

Si ipotizza un periodo di detenzione medio = 180 s

Volume aerato = 0,0672 x 180 = 12,096 m^3

Si ipotizza una profondità di 2,5 m e un rapporto larghezza/profondità di 2:1.

Larghezza del canale = 2,5 x 2

$$= 5 \text{ m}$$

Lunghezza del canale = $\dfrac{12.096}{2.5 \times 5}$

$$= 0.968 \text{ m}$$

Aumentare la lunghezza di circa il 20% per tenere conto dell'ingresso e dell'uscita (Garg-1996).

Fornire lunghezza = 0,968 x 1,2 m

$$= 1.16\text{m}$$

Questo non è fattibile, quindi 1,2 m di lunghezza (Garg-1996).

La camera di graniglia è progettata per le dimensioni di

[1.2mX 5m X 2.5m]

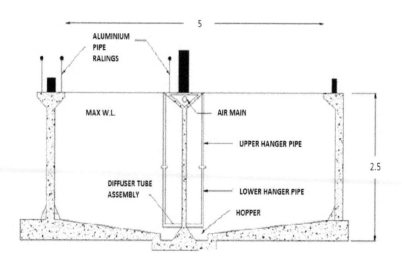

Fig 3.5 Sezione del canale di graniglia aerata

3.7 SCHERMO FINE

Le griglie fini sono le strutture costruite tra le camere di grigliatura e il sedimentatore primario per rimuovere una certa quantità di solidi sospesi dalle acque reflue. Le griglie fini si intasano spesso e necessitano di una pulizia frequente. Il metallo utilizzato è l'ottone, che ha una maggiore resistenza alla ruggine e alla corrosione.

In questo caso è stato progettato un vaglio fine a disco, la cui rete metallica è costituita da ottone. Il vaglio fine è collegato a motori elettrici. Il vaglio intasato viene spesso pulito con una spazzola a cono.

- DESIGN

Flusso di progetto = 0,0672 cumec

Velocità di progetto del flusso medio = 0,8 m/s (Garg-1996)

Area netta dell'apertura dello schermo richiesta $= \frac{0.0672}{0.8}$ (Garg-1996)

$$= 0.084 \text{ m}^2$$

Utilizzando barre d'acciaio rettangolari nello schermo, con una larghezza di 3 mm e poste a una distanza netta di 3 mm.

La superficie lorda dello schermo richiesta $= \frac{0.084 \times 4}{3}$

$$= 0.112 \text{ m}^2$$

Supponendo che le barre dello schermo siano posizionate a 40° rispetto all'orizzontale.

Superficie lorda dello schermo necessaria = 0,112/sin 40

$$= 0.174 \text{ m}^2$$

Alla velocità di progetto di picco = 1,6 m/s

[SWD fornito = 0,3 m]

Larghezza del canale $= \frac{\text{gross area}}{\text{SWD}}$ (Garg-1996)

$\frac{0.174}{}$

$$= 0.58 \text{ m}$$

[Fornire una barra di 3 mm di spessore e un'apertura trasparente di 3 mm].

$$\text{Numero di barre} = \frac{\text{Width of channel}}{\text{thickens of bar + clear opining}} \text{(Garg-1996)}$$

$$= \frac{0.58}{0.003 + 0.003}$$

$$= 96{,}66 \text{ n.}$$

$$\sim 97 \text{ n.}$$

[Quindi, numero di barre = 97, spessore delle barre = 3 mm, apertura libera tra due barre = 3 mm].

La profondità delle acque di scarico è di 0,3 m, quella di progetto di 0,582 m].

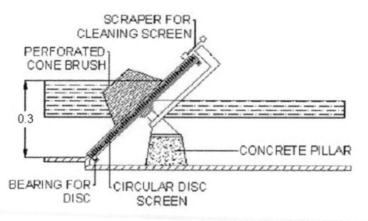

Fig 3.6 Sezione trasversale di un vaglio fine a disco

3.8 SERBATOIO DI SCREMATURA

Le vasche di scrematura sono i serbatoi che rimuovono gli oli e i grassi dalle acque reflue costruiti prima delle vasche di sedimentazione. Le acque reflue grezze delle abitazioni e degli ostelli contengono oli, grassi, cere, saponi, acidi grassi, ecc. Le sostanze grasse e oleose possono formare una schiuma antiestetica e maleodorante sulla superficie delle vasche di decantazione o interferire con il processo dei fanghi attivi.

Nella vasca di scrematura l'aria viene soffiata insieme al cloro gassoso da un diffusore d'aria posto sul fondo della vasca. L'aria che sale tende a coagulare e solidificare il grasso e a farlo salire verso la parte superiore della vasca, mentre il cloro distrugge l'effetto colloidale protettivo delle proteine, che mantengono il grasso in forma emulsionata. I materiali grassi vengono raccolti dalla parte superiore del serbatoio e vengono scremati da un'apparecchiatura meccanica appositamente progettata.

DESIGN

La superficie necessaria per il serbatoio $A = \frac{6.22 \times 10^{-3} \times q}{V_r}$ m²(Garg-1996)

Dove, q = portata di acque reflue in m³/giorno

V_r = velocità minima di risalita del materiale oleoso da rimuovere in m/min q = 0,0672

x 60 x 60 x24

= 5806,08 m³/giorno

V_r = 0,25 m/min

= 0,25 x 60 x 24

= 360 m/giorno

$A = \frac{6.22 \times 10^{-3} \times 5806.08}{360}$

A = 0,1 m²

[Fornire una profondità della vasca di scrematura di 2,5 m].

Il rapporto lunghezza-larghezza è 1,5: 1

Pertanto L = 1,5B

L x B = 1,5B²

Pertanto B= 0,26 m che non è fattibile, quindi 0,9 m.

L = 1,215 m diciamo 1,25

Il serbatoio di scrematura è progettato per una dimensione di 1,25 m X 0,90 m X 2,5 m + 0,5 m (FB).

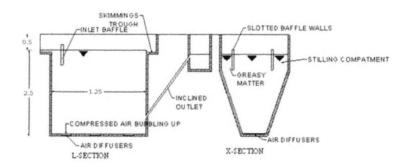

3.7 Sezione della vasca di scrematura

Fico

3.9 SERBATOIO DI SEDIMENTAZIONE PRIMARIA

Il sedimentatore primario è il serbatoio di decantazione costruito accanto al serbatoio di scrematura per rimuovere i solidi organici troppo pesanti per essere rimossi, cioè le particelle con dimensioni inferiori a 0,2 mm e peso specifico di 2,65.

Il serbatoio progettato è di tipo circolare e permette di sedimentare consentendo un flusso radiale. Sono costruiti in acciaio al carbonio con rivestimento epossidico all'interno e rivestimento epossidico all'esterno. Costruiti sul concetto di chiarificazione a piastre inclinate, questi chiarificatori sfruttano la gravità in combinazione con l'area di decantazione prevista, in modo da ottenere una percentuale abbastanza elevata di rimozione dei solidi sospesi, dal 60 al 65% dei solidi sospesi e dal 30 al 35% del BOD dalle acque reflue.

DESIGN:

Max. Quantità di acque reflue = 0,7257MLD

Carico superficiale = 40 m /m^{32} /giorno(Garg-1996)

Periodo di detenzione = 1 ora

Volume di acque reflue $= \dfrac{725.7 \times 1}{24}$

$= 30.24$ m^3

Profondità effettiva = 2,5 m

Superficie $= \dfrac{30.24}{2.5}$

$= 12.095$ m^2

Superficie del serbatoio $= \dfrac{Totalflow}{Surfaceloading}$(Garg-1996) $= 18.14$ m^2 $= \dfrac{725.7}{40}$

Utilizzare l'area maggiore di queste due, quindi, prendere l'area della superficie del serbatoio 20 m^2

Quindi superficie del serbatoio = 20 m^2

Diametro del serbatoio $= \sqrt{\dfrac{20 \times 4}{\pi}}$

$= 5.0$ m

Il sedimentatore primario è progettato per le dimensioni di

[5 m (diametro) X 2,5 m (profondità) + 0,5 (FB)].

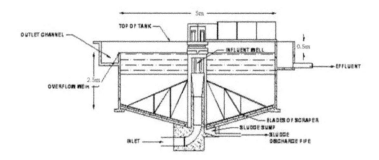

Fig 3.8 Sezione trasversale del sedimentatore circolare

3.10 PROCESSO A FANGHI ATTIVI

Il processo a fanghi attivi è un sistema di trattamento biologico aerobico delle acque reflue che consiste in una serie di meccanismi e processi che utilizzano l'ossigeno disciolto per promuovere la crescita di un blocco biologico che rimuove sostanzialmente il materiale organico. Le unità essenziali del processo sono un serbatoio di aerazione, un serbatoio di decantazione secondaria, una linea di ritorno dei fanghi dal serbatoio di decantazione secondaria al serbatoio di aerazione e una linea di scarico dei fanghi in eccesso.

- CONCETTO:

L'aria atmosferica viene fatta gorgogliare attraverso le acque reflue primarie trattate combinate con gli organismi per sviluppare un fiocco biologico che riduce il contenuto organico delle acque reflue. Il Liquore Misto, la combinazione di acque reflue grezze e massa biologica, si forma. Nell'impianto a fanghi attivi, una volta che l'effluente del chiarificatore primario riceve un trattamento sufficiente, il liquore misto in eccesso viene scaricato in vasche di decantazione e il surnatante trattato viene fatto defluire per essere sottoposto a un ulteriore trattamento. Una parte dei fanghi sedimentati, chiamati fanghi attivi di ritorno (R.A.S.), viene restituita alla testa del sistema di aerazione per riseminare le nuove acque reflue che entrano nella vasca. I fanghi in eccesso che si accumulano oltre i R.A.S, detti Fanghi Attivi di Scarto (W.A.S.), vengono rimossi dal processo di trattamento per mantenere il rapporto tra biomassa e cibo fornito (F: M). I W.A.S vengono ulteriormente trattati mediante digestione in condizioni anaerobiche.

METODO: METODO DI STABILIZZAZIONE DEL CONTATTO

- I microrganismi consumano gli organici nel serbatoio di contatto.
- L'effluente del chiarificatore primario confluisce nella vasca di contatto dove viene aerato e miscelato con i batteri.
- I materiali solubili passano attraverso le pareti cellulari dei batteri, mentre quelli insolubili si attaccano all'esterno.

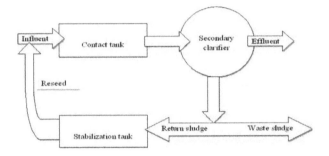

Fig 3.9 Diagramma di flusso del processo di stabilizzazione dei fanghi attivati per contatto

- I solidi si depositano successivamente e vengono espulsi dal sistema o reintrodotti in un serbatoio di stabilizzazione.
- I microbi digeriscono le sostanze organiche nella vasca di stabilizzazione e vengono poi riciclati nella vasca di contatto, perché hanno bisogno di altro cibo.
- I fanghi attivi di scarto vengono rimossi e inviati a un ulteriore trattamento.

PROCESSO (Garg-1996)

I fanghi attivi funzionano secondo il concetto sopra descritto seguendo il metodo della stabilizzazione per contatto. L'effluente del chiarificatore primario viene miscelato con il 40-50% del proprio volume di fanghi attivi (R.A.S). Quindi viene miscelato per 4-8 ore nella vasca di aerazione dall'aeratore combinato che effettua la diffusione di aria compressa e la miscelazione meccanica. Gli organismi in movimento ossidano la materia organica e la fanno depositare nel chiarificatore secondario.

I fanghi sedimentati, noti come fanghi attivi, vengono quindi riciclati nella testa della vasca di aerazione e mescolati con le nuove acque reflue in entrata. I nuovi fanghi attivi vengono prodotti in continuazione e i fanghi residui vengono smaltiti insieme ai fanghi primari trattati dopo un'adeguata digestione.

L'impianto a fanghi attivi consente di ottenere l'80-95% di rimozione del BOD e il 90-95% di rimozione dei batteri, realizzando i necessari allestimenti quali

(i) Ampio apporto di ossigeno alla pianta
(ii) Miscelazione intima e continua di acque reflue con fanghi attivi.
(iii) Il tasso di ritorno dei fanghi è costante per tutto il processo.

3.11 VASCA DI SEDIMENTAZIONE SECONDARIA

Un serbatoio di sedimentazione costruito accanto al serbatoio di aerazione è la sedimentazione secondaria. Questo serbatoio sarà come il sedimentatore primario con alcune modifiche, in quanto non sono presenti materiali galleggianti e non sono necessarie disposizioni per la rimozione di fecce e galleggianti.

La superficie del sedimentatore secondario viene progettata sia in base alla portata di trabocco sia in base alla portata di carico dei solidi. Viene adottato il valore maggiore.

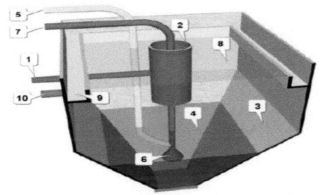

Fig. 3.10 Chiarificatore secondario/ serbatoio di decantazione

1 Il tubo di ingresso delle acque reflue   6 Pompe identiche.

2 Il pozzetto di alimentazione centrale   7   Il gruppo della testata a forma di N.

3 pareti inclinate   8 Il livello dell'acqua chiara

4 Gli stormi batterici   9Lavare su tutti e quattro i lati.

5 Il tubo di mandata del fango 10Tubo per l'acqua chiarificata.

- DESIGN

Numero di chiarificatori secondari =1

Portata media = 725,6 m^3/giorno

Flusso di ricircolo = 53%(Garg-1996)

        = 384,56 m^3/giorno

Afflusso totale = 725,6+384,56

        = 1110,16 m^3/giorno

Prevedere un periodo di detenzione idraulica = 2 ore

Volume del serbatoio (esclusa la parte della tramoggia)

=1110.16 x- 24

$= 92.51 \text{ m}^3$

Si ipotizzi una profondità del liquido = 3,5 m

$$\text{Area} = \frac{92.51}{3.5}$$

$= 26.43 \text{ m}^2$

Tasso di carico superficiale del flusso medio=25 m /m /giorno[32]

$$\text{Superficie fornita} = \frac{725.6}{25}$$

$= 29 \text{ m}^2$

Utilizzando l'area maggiore dei due valori

Quindi superficie = 29m^2

$$\text{Diametro} = \sqrt{\frac{29 \times 4}{\pi}}$$

$= 6 \text{ m}$

Fornire un diametro di 6 m

(i) CONTROLLARE IL CARICO DELL'ARIA:

Portata media = 725,6 m /giorno^3

$$\text{Carico dello sbarramento} = \frac{725.6}{6 \times \pi}$$

$= 38,5 \text{ m /giorno/m}^3$

È inferiore a 185 m^3 /giorno/m. Quindi è OK

[Fornire la sedimentazione secondaria come 6 m (diametro) X 3,5 m (profondità) + 0,5 m (FB)].

La pendenza della tramoggia deve essere di 1in 12.

- **SERBATOIO DI STABILIZZAZIONE:**

Portata totale di ritorno = 384,56 m^3/giorno

$\qquad\qquad\qquad\quad$ = 0,267 m^3/min

Tempo di detenzione = 15 min

Volume del pozzetto bagnato = 0,267 x 15

$\qquad\qquad\qquad\qquad\quad$ = 4.0 m^3

La profondità è di 1,5 m e la larghezza di 2 m.

Pertanto la lunghezza è = 1,33 m, diciamo 1,5 m.

Dimensioni del pozzo umido: 1,5 m X 2 m X 1,5 m + 0,5 m (FB)

Dimensione del pozzo asciutto 1,5 m X 1,5 m

[2 pompe della capacità di 0,19 MLD ciascuna nel pozzo asciutto sono Fornito]

3.12 LETTI DI ESSICCAZIONE DEI FANGHI (Garg-1996)

$\qquad$L'essiccazione dei fanghi digeriti su letti aperti di terra è l'essiccazione dei fanghi e tali letti aperti di terra sono noti come letti di essiccazione dei fanghi. I fanghi digeriti provenienti dal serbatoio di digestione contengono molta acqua. È quindi necessario essiccare o disidratare i fanghi digeriti prima di smaltirli. Il clima caldo di Vellore è particolarmente adatto alla disidratazione.

$\qquad$I fanghi di depurazione vengono portati e sparsi sulla sommità dei letti di essiccazione a una profondità di 20-30 cm, attraverso dei canali di distribuzione. Una parte dell'umidità drena attraverso il letto, mentre la maggior parte evapora nell'atmosfera. In paesi caldi come l'India, l'essiccazione richiede dai 6 ai 12 giorni. Dopo questo periodo, i panetti di fango vengono rimossi con delle vanghe e utilizzati come concime, poiché contengono dal 2 al 3% di NPK.

$\qquad$I letti di essiccazione dei fanghi sono letti aperti di terra profondi da 45 a 60 cm, con strati di ghiaia o pietrisco dello spessore di 30-45 cm, di dimensioni variabili da 15 cm in basso e 1,25 cm in alto. Al di sotto degli strati di ghiaia vengono posati tubi di drenaggio a giunto aperto del diametro di 15 cm. I letti di grandi dimensioni sono delimitati da pareti di cemento e un collettore di tubi provenienti dai digestori con aperture chiuse consente di applicare i fanghi in modo indipendente a ciascuna cella. Le infiltrazioni raccolte nei sottodrenaggi vengono restituite al pozzo umido dell'impianto per essere trattate con le acque reflue grezze.

- Design

Fanghi applicati al letto di essiccazione in ragione di 100 kg/MLD

Fanghi applicati = 100 kg/giorno

Peso specifico = 1,015

Contenuto solido = 1%

$$\text{Volume di fango} = \frac{0.7257}{0.01 \times 1000 \times 1.015}$$

$$= 0{,}071 \text{ m}^3/\text{giorno}$$

Per le condizioni climatiche di Junagadh, i letti si asciugano in circa 10 giorni.

$$\text{Numero di ciclo in oneyeai} = \frac{365}{10}$$

$$= 37 \text{ cicli.}$$

Periodo di ogni ciclo = 10 giorni

Volume di fango per ciclo = 0,071X10

$$= 0.71 \text{m}^3$$

Stendere uno strato di 0,3 m per ciclo,

$$\text{Superficie del letto richiesta} = \frac{0.71}{0.3}$$

$$= 2.33 \text{m}^2$$

$\sim 2.5 \text{ m}^2$

Fornire 2 posti letto,

Superficie di ogni letto = **1,25 m²**

[2 letti di dimensione 1 m X1,25 m sono progettati]

3.13 SMALTIMENTO DELLE ACQUE REFLUE

Lo smaltimento degli effluenti trattati nel terreno o in un corpo idrico è lo smaltimento delle acque reflue. Questo può avvenire in due modi,

(i) Diluizione - smaltimento nei corpi idrici.
(ii) Irrigazione degli effluenti - smaltimento sul terreno.

- **DILUIZIONE:**

Lo smaltimento degli effluenti attraverso lo scarico in corsi d'acqua come torrenti, fiumi o grandi corpi idrici come laghi e mari è chiamato diluizione.

- **IRRIGAZIONE CON EFFLUENTI:**

Quando l'effluente viene sparso uniformemente sulla superficie del terreno, si parla di irrigazione con effluenti. L'acqua di fogna percolerà sul terreno e i solidi sospesi rimarranno sulla superficie del terreno. I solidi organici in sospensione rimanenti sono in parte agiti dai batteri e in parte ossidati dall'esposizione alle azioni atmosferiche di calore, luce e aria.

Considerando le caratteristiche di JAU, si preferisce l'irrigazione con effluenti, ovvero lo smaltimento a terra, per i seguenti motivi.

(i) Il ruscello vicino ha un flusso molto ridotto in tempo asciutto. Nella stagione estiva si prosciuga.
(ii) L'impianto di trattamento delle acque reflue è progettato secondo gli standard indiani e produce effluenti con caratteristiche meno pericolose rispetto agli standard di smaltimento a terra.
(iii) È una fonte alternativa di acqua per l'irrigazione e contiene letame e una certa quantità di composti NPK.

(iv)

Tabella 3.3 Confronto tra la norma IS: 3307-1986 e le caratteristiche dell'effluente previste.

N. di fogli	Caratteristiche	Limite di tolleranza secondo IS :3307- 1986	Effluenti dell'impianto
1	pH	5.5-9.0	Richiesto lo studio in un laboratorio ambientale dopo il montaggio e il funzionamento dell'impianto proposto.
2	DBO	100 mg/l	
3	Solidi in sospensione	200 mg/l	
4	Olio e grasso	10 mg/l	
5	Cloruri	600 mg/l	
6	Solfato	1000 mg/l	

L'effluente deve essere smaltito con il metodo della Land Effluent Irrigation (Irrigazione con effluenti terrestri) e viene realizzato costruendo un'aratura e un solco nel terreno di smaltimento. Il terreno viene prima arato fino a 45 cm, poi livellato e suddiviso in parcelle e sottoparcelle. Ogni sottoparcella viene poi chiusa da piccoli argini. A questo punto si formano creste e solchi in ogni sottoparcella. Il liquame viene lasciato scorrere nei solchi, mentre le colture vengono coltivate sulle creste. Dopo un intervallo di 8-10 giorni, il liquame può essere nuovamente applicato a seconda delle esigenze delle colture e della natura del terreno.

CAPITOLO- 4

RISULTATI E DISCUSSIONE

Secondo l'indagine, la popolazione del campus JAU è di 1418 persone nel 2012 e si prevede che raggiungerà le 1888 persone nel 2042, secondo una crescita incrementale del 10%. Si è riscontrato che l'approvvigionamento idrico domestico all'interno del campus JAU è di circa 0,432 MLD, come risulta dallo studio dell'indagine sull'approvvigionamento idrico. Inoltre, il sondaggio sulle acque reflue ha rivelato che la portata delle acque reflue è di 0,0084 m^3/s, un valore molto basso. Nel progetto del PST è stata posta attenzione a soddisfare i requisiti del progetto standard, ma considerando lo scarico e la qualità delle acque reflue, l'impianto progettato non è economicamente fattibile, per cui si suggerisce di convogliare le acque reflue aggiuntive al suddetto PST, in modo da ottenere un'efficienza e un'economicità dell'impianto.

Per gestire questo basso scarico, è stata progettata una camera di raccolta circolare con un diametro di 14 m e una profondità di 2,50 m, che raccoglie le acque reflue durante il giorno e le scarica nel suddetto STP; grazie a questa camera di raccolta è possibile mantenere lo scarico nel STP. È quindi necessario che l'impianto funzioni in due turni per 1,5 ore, il che comporta uno scarico di 0,0672 m^3/s all'interno dell'STP.

Tali suggerimenti influiscono sul costo del capitale e sul costo operativo dell'impianto di trattamento delle acque reflue, che in ultima analisi influisce sul rapporto costi-benefici; per questo motivo è necessario fornire un impianto compatto basato su container per l'area di studio.

DETTAGLI DEL DESIGN

Componente	TIPO	NOS	DIMENSIONI
Camera di ricezione		1	14 m 0X 2,36 m (SWD) + 0,14 m (FB)
Vaglio grossolano	1 meccanico	1	0,51 m X 0,7 m (SWD) + 0,3 m (FB)
Camera di graniglia	Tipo di flusso orizzontale	1	1,2 m X 5 m X 2,5 m
Schermo fine	Tipo a disco, meccanico	1	97 n. di barre, spessore delle barre 3 mm, 0,3 m (SWD), 0,58 m di perimetro del disco
Serbatoio di scrematura	Diffusore d'aria + Cloro gassoso	1	25m X 0,90m X 2,5m + 0,5m (FB)
Chiarificatore secondario	Tipo circolare, Flusso radiale	1	6m 0 X 3,5m (SWD) + 0,5m (FB)
Letto di essiccazione dei fanghi	Sabbia + ghiaia Inghiaiato	2	1m X 1,25m

SINTESI E CONCLUSIONE

L'acqua è una risorsa naturale importante e preziosa. L'utilizzo efficiente della risorsa idrica è fondamentale per la produzione agricola, per affrontare la sfida di nutrire la popolazione umana in costante aumento nei Paesi del terzo mondo. Attualmente, l'uso di fertilizzanti chimici in agricoltura aumenta di giorno in giorno, ma la produzione di fertilizzanti chimici è inferiore alla sua domanda. Inoltre, le acque reflue trattate sono ricche di materia organica e di nutrienti che soddisfano le esigenze delle piante (in particolare fosforo e potassio). Può essere utilizzata con profitto sia come acqua di irrigazione sia come concime per fornire nutrienti a diverse colture.

Nel campus di JAU la popolazione attuale è di 1418 persone (tra studenti e personale) e, secondo il metodo di previsione demografica, nel 2042 la popolazione sarà di 1888 persone. La fornitura di acqua per ogni persona è di 152 litri al giorno e la produzione di acque reflue è pari all'80% della fornitura di acqua. Secondo i calcoli, lo scarico delle acque reflue è di 0,0084 m^3/s. Questo non è fisicamente sostenibile secondo i costi e il progetto. Non è possibile far funzionare l'impianto per 24 ore con questo scarico. Quindi, l'impianto ha bisogno di un maggiore scarico. Ciò significa che è necessaria una camera di ricezione per raccogliere lo scarico delle acque reflue per 24 ore, in modo da far funzionare l'impianto in due turni di 1,5 ore al giorno.

Per il trattamento di 12 ore di acque reflue raccolte in 1,5 ore con una velocità ammissibile di 0,8 m/s si genera uno scarico di 0,0672 m^3/s e il diametro del tubo è di 32 cm per mantenere la velocità.

Nel campione di acque reflue del campus JAU i solidi sospesi, il BOD, il COD, il pH ecc. sono entro i limiti consentiti, quindi non sono necessari trattamenti di tipo terziario.

Lo scarico del trattamento delle acque reflue è di 0,0672 m^3/s e la morte media della falda freatica è di 15 m, per cui si risparmiano 865 kWh di energia elettrica al giorno.

Conclusione

Il trattamento delle acque reflue comporta una serie di processi eseguiti a diversi livelli di trattamento. La forma base di trattamento è la scomposizione dei rifiuti organici da parte dei batteri in modo aerobico o anaerobico o una combinazione di entrambi, che avviene nel trattamento secondario. Il trattamento primario prevede la decantazione dei solidi. Il trattamento terziario prevede la rimozione di fosforo, azoto e sostanze tossiche. La rimozione degli agenti patogeni avviene durante tutto il trattamento, ma diventa più efficace soprattutto a livello terziario grazie all'uso dei raggi UV e della clorazione. Maggiore è l'efficienza del trattamento, migliore è la qualità dell'effluente prodotto.

Dal punto di vista progettuale, è necessario innanzitutto costruire un sistema di raccolta delle acque reflue nell'area degli ostelli e nella zona residenziale del personale, in modo da convogliare le acque reflue al sistema di trattamento delle acque reflue in modo tempestivo ed efficiente, oltre a fornire servizi di riparazione e manutenzione e a tenere conto dell'espansione futura.

Dal punto di vista del progetto, la portata è molto bassa e quindi l'impianto non può funzionare 24 ore su 24. Per questo motivo l'STP funziona solo 3 ore al giorno e prevede la costruzione di una camera di collimazione aggiuntiva.

Quindi, un funzionamento di più di 3 ore al giorno diminuisce i costi operativi e aumenta il risparmio di energia elettrica per il pompaggio dell'acqua di irrigazione.

RIFERIMENTI

Abdou, F. M. e Nennah, M. (1980) Effetto dell'irrigazione di un terreno sabbioso limoso con fanghi liquidi di depurazione sul contenuto di alcuni micronutrienti. Plant and Soil 56, 53-57.

Adarkatti, I. B. e Rao, G. S. G. (1980) Proe. Seminario sullo smaltimento degli effluenti di zuccherifici e distillerie organizzato dall'U.P. Pollution Board a Lucknow il 24 aprile 1980.

Andreev, N. G. e Grislis, S. V. (1990) Resa di specie erbacee perenni irrigate con acqua di fogna. Academic Sell Skokhoryi 12, 31-33.

Arora, C L e Chhibba, I. M, (1992) Influenza dello smaltimento delle acque reflue sullo stato dei micronutrienti e dello zolfo del suolo e delle piante. Journal of Indian Society of Soil Science 40, 792-795.

Azad, A. S., Arora, B. R., Singh, B. e Sekhon, G. S. (1987) Effetto delle acque reflue su alcune proprietà del suolo. Indian Journal of Ecology 14, 7-13.

Azad, A.S., Sekhon, G. S. e Arora, B. R. (1986) Distribuzione di cadmio, nichel e cobalto in suoli irrigati con acque reflue. Journal of Indian Society of Soil Science 34, 619-621.

Baddesha, H. S., Rao, D. L. N., Abrol, I. P. e Chhabra, R. (1986) Irrigazione e potenziale nutritivo delle acque reflue grezze dell'Haryana. Indian Journal of Agricultural Sciences 56, 584-591.

Bhatia, A., Pathak, H. e Joshi, H. C. (2001) Uso delle acque reflue come fonte di nutrimento per le piante: potenzialità e problemi. Fertilizer News 46, 55-58.

Bocko, J. (1980) Miglioramento dei terreni leggeri irrigati con effluenti fognari come risultato dell'accumulo di materia organica. Roczniki Gleboznelwcze, 31, 149-154 (Fide- Irrig. and Drain. Abstr. 8(1), 17, 1982).

Bole, J. B., Gould, W. D. e Carson, J. A. (1985) Rese di foraggi irrigati con acque reflue e destino del fertilizzante N-15 aggiunto. Agronomy Journal 77, 715-719.

Burns, S. e Rawitz, E. (1981) Gli effetti del sodio e della materia organica negli effluenti fognari sulle proprietà di ritenzione idrica dei suoli. Soil Science Society of America Journal 45, 487-493.

Campbell, R. W., Miller, J. H., Reynolds, J. H. e Schreeg, T. M. (1983) La risposta dell'erba medica, del mais dolce e del grano all'applicazione a lungo termine di acque reflue urbane ai terreni coltivati. Journal of Environmental Quality 12, 243-249.

Cunningham, J. D., Ryan, J. A. e Keeney, D. R. (1975) Fitotossicità e assorbimento di metalli da terreni trattati con fanghi di depurazione modificati con metalli. Journal Environmental Quality, 4, 455-460.

Datta, S. P., Biswas, D. R., Saharan N., Ghosh, S. K. e Rattan, R. K. (2000) Effect of long term Application of Sewage Effluents on Organic Carbon, Bioavailable Phosphorus, Potassium and Heavy Metal Status of Soils and

Content of Heavy Metals in Crops Grown thereon. *Journal of Indian Society of Soil Science* 48, 836-839.

Day, A. D. e Kirkpatrick, R. M. (1973) Effetto delle acque reflue municipali trattate sul foraggio e sulla granella di avena. *Journal Environmental Quality* 2, 282-284.

Day, A. D., McFadyen, J. A., Tucker, T. C. e Cluff, C. B. (1981) Effect of municipal waste water on the yield and quality of cotton. *Journal Environmental Quality* 10, 47-49.

Day, A. D., McFadyen, J. A., Tucker, T. C. e Cluff, C. B. (1979) Produzione commerciale di grano irrigato con acque reflue municipali e acqua di pompa. *Journal Environmental Quality* 8, 403-406.

Day, A. D., Rahman, A., Katterman, F. R. H. e Jensen, V. (1974) Effetto delle acque reflue municipali trattate e dei fertilizzanti commerciali sulla crescita, la fibra, i nucleotidi acido-solubili, le proteine e il contenuto di aminoacidi nel fieno di grano. *Journal Environmental Quality* 3, 17-19.

Day, A. D., Swingle, R. S., Tucker, T. C. e Cluff, C B. (1982) Fieno di erba medica coltivato con acque reflue municipali e acqua di pompa. *Journal Environmental Quality* 11, 23-24.

Day, A. D. e Tucker, T. C. (1977) Effetto delle acque reflue municipali trattate sulla crescita, la fibra, le proteine e il contenuto di aminoacidi della granella di sorgo. *Journal Environmental Quality* 6, 325-327.

El-Naim, A. E. M., Selem, M. M., El-Wady, R. M. e Faltas, R. L. (1986) Cambiamenti *nelle proprietà fisiche del suolo sabbioso dovuti all'utilizzo di acqua di fogna in coltivazione per cinque anni consecutivi. II. Distribuzione delle dimensioni dei pori e tasso di infiltrazione. Annali di Scienze Agrarie, Moshtohor, 24, 1615-1626.*

Emmimath, V. S. e Rang swami, G. *(1971) Studi sugli effetti di forti dosi di fertilizzanti azotati sul suolo e sulla microflora della rizosfera del riso. Mysore Journal agricultural Science 5, 39-58.*

Feigin, A., Bielorai, H., Dag, Y., Kipnis, T. e Giskin, M. *(1978) Il fattore azoto nella gestione dei terreni irrigati con effluenti. Scienza del suolo 125, 248-254.*

Fonseca, A. F-da., Melfì, A. J. e Montes, C. R. *(2005) Crescita del mais e cambiamenti nella fertilità del suolo dopo l'irrigazione con effluenti fognari trattati. II. Acidità del suolo, cationi scambiabili e disponibilità di zolfo, boro e metalli pesanti. Communications in Soil Science and Plant Analysis 36, 1983-2003.*

Gadallah, M. A. A. *(1994) Effetti delle acque reflue industriali e fognarie sulla concentrazione di carbonio solubile, azoto e alcuni elementi minerali nelle piante di girasole. Journal of Plant Nutrition 17, 13691384.*

Garg, S.K. *(1996) Ingegneria delle acque reflue e dell'inquinamento atmosferico vol-II,*

Gladis, R. *(1995) Influenza dell'irrigazione con acque reflue e dei livelli graduali di N e P sulle proprietà del suolo e sulla risposta del sorgo da foraggio (var. Co. 27). Tesi di laurea, TNAU, Coimbatore-3.*

Gladis, R., Bose, M. S. C. e Fazlullah-Khan, A. K. *(2000) L'irrigazione con acque* reflue e la fertilizzazione con N e P sul contenuto di HCN e N03 del foraggio. *Madras Agricultural Journal 86, 250-255.*

Hayes, A. R., Mancino, C.F. e Pepper, I.L. (1990) Irrigazione di tappeti erbosi con effluenti di acque reflue secondarie: I. qualità del suolo e dell'acqua di percolazione. *Agronomy Journal 82, 939-943.*

Kutera, J. e Plawinski, R. (1974) Risultati di esperimenti sull'irrigazione del mais da foraggio con acque reflue comunali. *Wiadomosci Institute Melioracji-i-Uzytkow Zielonych, 11,51-76.*

Larson, W.L., Gilley, J. e Linden, D.R. (1975) Conseguenze dello smaltimento dei rifiuti sul terreno. *Journal of Soil and Water Conservation 30, 68-71.*

Nagaraja, D. N. e Krishnamurthy, K. (1989) Il liquame e i fertilizzanti sulla crescita e sulla resa del riso. *Mysore Journal of Agricultural Science 23, 289-291.*

Narwal, R.P., Singh, M., Singh, Y.P. e Singh, M. (1990) Effetto dell'effluente fognario arricchito di cadmio sulla resa e su alcune caratteristiche biochimiche del mais (Zea mays L.). *Crop Research Hisar 3, 162168.*

Sanai, M e Shaygan. J. (1980) Esperimenti sul campo sull'applicazione di acque reflue municipali trattate a terreni vegetati. *Water pollution Control 79, 126-135 (Fide- Irrigazione e drenaggio, 7, 82, 1981).*

Shevchenko, V.M (1972) Effetto dell'irrigazione con acqua di fogna sulla resa dei cereali e sulla qualità del raccolto. *Trudy Khar'Kovskii Sel'skokhozyaistvennyi Insitute 166, 33-41.*

Singh, D., Rana, D. S., Pandey, R. N. e Kumar, K. *(1995) Risposta della resa di sorgo da foraggio, mais e cowpea a diverse dosi di NPK in irrigazione con acque reflue su Mollisols dell'Uttar Pradesh occidentale. Annali della ricerca agricola 16, 522-524.*

Singh, D., Rana, D. S., Pandey, R. N. e Kumar, K. *(1993) Effetto delle fonti di irrigazione e delle dosi di fertilizzante sulla resa in sostanza secca delle colture foraggere nei terreni pedecollinari dell'Uttar Pradesh. Indian Journal Agronomy 38, 668-670.*

Tiwari, R.C., Kumar, A. e Mishra, A. K. *(1996) Influenza dell'irrigazione con acqua di fogna e di pozzo con livelli di fertilizzanti sul riso e sulle proprietà del suolo. Journal of Indian Society of Soil Science 44, 547-549.*

Tiwari, R.C., Saraswat, P. K. e Agrawal, H. P. *(2003) Changes in Macronutrient Status of Soils Irrigated with Treated Sewage Water and Tube well Water. Journal of Indian Society of Soil Science 51, 150-155.*

Zalawadia, N.M. e Raman, S. *(1994) Effetto delle acque reflue della disitilleria con livelli di fertilizzazione graduati sulla resa del sorgo e sulle proprietà del suolo. Journal of India Society of Soil Science 42, 575-579.*

ALLEGATO-A

ELENCO DELLA POPOLAZIONE E DELL'OCCUPAZIONE

SR. NO.	LUOGO	NO. DI PORSON	TIPO OCCUPAZIONE
1.	Vivekanand Ostello	112	Studente B.Tech
2.	Govardhan	81	Studente B.V.Sc
3.	Viswakarma	168	Studente di B.tech
4.	Vijay	45	Studente di scultura
5.	Vidhya	104	Studente di scultura
6.	Vinay	96	Studente P.G.
7.	Vivek	96	Studente di scultura
8.	Virat	60	Studente P.G.
9.	Vinayak	92	Studente P.G.
10.	Ostello femminile	140	Studentessa
11.	Ostello ABM	32	Studente ABM
13	Blocco-B	125	Personale JAU
14	Blocco-K	26	
15	Blocco D	18	
16	Quartiere degli insegnanti	48	
17	Trimestre accademico	50	
	Totale	1418	

ALLEGATO-B

PREVISIONE DELLA POPOLAZIONE

Anno	Popolazione	Incrementale	Incrementale Aumento
2012	1418	10%	141.8
2022	1560	10%	156
2032	1716	10%	171.6
2042	1888	10%	188.8
		Avg =10%	Media=164,55

ALLEGATO-C

SR NO	LUOGO	NO. DI TANK	SPICIFCATIONTANCA	CAPACIY (LITTER)	ACQUA FORNITURA	NO. DI RIEMPIMENTO PER2 GIORNO	Consumo totale di acqua 2 al giorno (LITRO)
1.	Vivekanand Ostello	3	2 serbatoi da 5000 litri / 1 serbatoio da 4000 litri	14000	Pozzo di trivellazione	3	42000
2.	Govardhan	3	2 serbatoi da 5000 litri / 1 serbatoio da 2500 litri	12500	Pozzo di trivellazione	3	37500
3.	Viswakarma	2	2 serbatoi da 5000 litri	10000	Pozzo di trivellazione	3	30000
4.	Vijay	1	1 serbatoio da 3000 litri	3000	Pozzo aperto	6	18000
5.	Vidhya	1	1 serbatoio da 3000 litri	3000	Pozzo aperto	6	18000
6.	Vinay	1	1 serbatoio da 3000 litri	3000	Pozzo aperto	6	18000
7.	Vivek	1	1 serbatoio da 3000 litri	3000	Pozzo aperto	6	18000
8.	Virat	2	2 serbatoi da 6500 litri	13000	Pozzo aperto	6	78000
9.	Vinayak	3	1 serbatoio da 5000 litri / 1 serbatoio da 5000 litri / 1 serbatoio da 5000 litri	15000	Pozzo di trivellazione	3	45000
10.	Ostello femminile	6	3 serbatoi 1000lit / 3 serbatoi da 2500 litri	8500	Pozzo di trivellazione	3	25500

11.	Ostello ABM	4	1 serbatoio da 2000 litri	8000	Pozzo aperto	1	8000
			1 serbatoio da 2000 litri				
			1 serbatoio da 2000 litri				
			1 serbatoio da 2000 litri				
12	Blocco-A	4	1 serbatoio da 3000 litri	12000	Pozzo aperto	2	24000
			1 serbatoio da 3000 litri				
			1 serbatoio da 3000 litri				
			1 serbatoio da 3000 litri				
13	Blocco B	4	1 serbatoio da 3000 litri	12000	Pozzo aperto	2	24000
			1 serbatoio da 3000 litri				
			1 serbatoio da 3000 litri				
			1 serbatoio da 3000 litri				

14	Blocco k	3	1 serbatoio da 2500 litri	7500	Pozzo aperto	2	15000
			1 serbatoio da 2500 litri				
			1 serbatoio da 2500 litri				
15	Blocco D	3	1 serbatoio da 2500 litri	7500	Pozzo aperto	2	15000
			1 serbatoio da 2500 litri				
			1 serbatoio da 2500 litri				
16	Insegnante trimestre	2	1 serbatoio da 2000 litri	4000	Pozzo aperto	2	8000
			1 serbatoio da 2000 litri				
17	Trimestre accademico	2	1 serbatoio da 2000 litri	4000	Pozzo aperto	2	8000
			1 serbatoio da 2000 litri				

Totale	45	45				432000

- CALCOLO DEL CONSUMO DI ACQUA PER CAPITALE AL GIORNO consumo di acqua al giorno = 432000/2

$$= 216000 \text{ litri}$$

consumo di acqua per capitale al giorno = 216000/1418

$$= 152,32 \text{ lpcd}$$

$$\sim 152 \text{ lpcd}$$

ANNEXURE-D

 Food Testing Laboratory

Junagadh Agricultural University, Junagadh (India)

Phone (O): +91 285 2672080-90   E-mail: bag@jau.in

TEST REPORT

Issued to : Vaibhav Ram (mob no-9913840348)   Date : 30/10/12

Your Ref. No.	: ----	Received date	: 11/10/2012
Sample Description	: Sewage Water	Sample ID	: 1
Sample Condition	: Sample in plastic bottle	Analysis started date	: 12/10/2012
Sample Qty.	: 1 lit	Analysis complete date	: 25/10/2012
Sampling by	: customer		

TEST RESULTS

Sr. No.	Parameters	Results	Unit	Test Method
1	pH	7.53		
2	COD	100.38	ppm	
3	Total suspended solids	30.03	ppm	
4	BOD	104	ppm	As per AOAC
5	Total coliform	5.29×10^6	CFU	
6	*Escherichia Coli*	Present		
7	*Salmonella* Spp.	Absent		
8	*Vibrio* Spp.	Present		

Authorized Signatory

Note:
1) Sample(s) not drawn by FTL, unless specified.
2. The result listed refers only to tested sample(s) and applicable parameters. Endorsement of product is neither inferred nor implied
3. Total liability of FTL is limited to the invoice amount/testing charges
4. Samples will be destroyed after one month of date of issue of test report unless otherwise specified.
5. Test report will not be reproduced in full, without written from FTL.
6. This test report in full or in part shall not be used for advertising of legal action
7. Subject to Junagadh jurisdiction.

Food Testing Laboratory

Junagadh Agricultural University, Junagadh (India)

Phone (O): +91 285 2672080-90 E-mail: bag@jau.in

TEST REPORT

Issued to : Vaibhav Ram (mob no-9913840348) Date : 30/10/12

Your Ref. No.	: ----	Received date	: 11/10/2012
Sample Description	: Sewage Water	Sample ID	: 3
Sample Condition	: Sample in plastic bottle	Analysis started date	: 12/10/2012
Sample Qty.	: ≈ 1 lit	Analysis complete date	: 25/10/2012
Sampling by	: customer		

TEST RESULTS

Sr. No.	Parameters	Results	Unit	Test Method
1	pH	7.32		
2	COD	38.61	ppm	
3	Total suspended solids	29.90	ppm	
4	BOD	63	ppm	As per AOAC
5	Total coliform	1.26×10^4	CFU	
6	*Escherichia Coli*	Present		
7	*Salmonella* Spp.	Present		
8	*Vibrio* Spp.	Present		

Authorized Signatory

Note:
1) Sample(s) not drawn by FTL, unless specified.
2. The result listed refers only to tested sample(s) and applicable parameters. Endorsement of product is neither inferred nor implied.
3. Total liability of FTL is limited to the invoice amount/testing charges
4. Samples will be destroyed after one month of date of issue of test report unless otherwise specified
5. Test report will not be reproduced in full, without written from FTL.
6. This test report in full or in part shall not be used for advertising of legal action
7. Subject to Junagadh jurisdiction.

Food Testing Laboratory

Junagadh Agricultural University, Junagadh (India)

Phone (O): +91 285 2672080-90   E-mail: bag@jau.in

TEST REPORT

Issued to : Vaibhav Ram (mob no-9913840348)   Date : 30/10/12

Your Ref. No.	: ----	Received date	: 11/10/2012
Sample Description	: Sewage Water	Sample ID	: 2
Sample Condition	: Sample in plastic bottle	Analysis started date	: 12/10/2012
Sample Qty.	: ≈ 1 lit	Analysis complete date	: 25/10/2012
Sampling by	: customer		

TEST RESULTS

Sr. No.	Parameters	Results	Unit	Test Method
1	pH	7.14		
2	COD	65.63	ppm	
3	Total suspended solids	33.80	ppm	
4	BOD	107	ppm	As per AOAC
5	Total coliform	4.62×10^7	CFU	
6	*Escherichia Coli*	Present		
7	*Salmonella* Spp.	Absent		
8	*Vibrio* Spp.	Present		

Authorized Signatory

Note:
1) Sample(s) are drawn by FTL, unless specified.
2) The result listed refers only to tested sample(s) and applicable parameters. Endorsement of product is neither inferred nor implied.
3) Total liability of FTL is limited to the invoice amount/testing charges.
4) Samples will be destroyed after one month of date of issue of test report unless otherwise specified.
5) Test report will not be reproduced in full, without written from FTL.
6) This test report in full or in part shall not be used for advertising or legal action.
7) Subject to Junagadh jurisdiction.

I want morebooks!

Buy your books fast and straightforward online - at one of world's fastest growing online book stores! Environmentally sound due to Print-on-Demand technologies.

Buy your books online at
www.morebooks.shop

Compra i tuoi libri rapidamente e direttamente da internet, in una delle librerie on-line cresciuta più velocemente nel mondo! Produzione che garantisce la tutela dell'ambiente grazie all'uso della tecnologia di "stampa a domanda".

Compra i tuoi libri on-line su
www.morebooks.shop

 info@omniscriptum.com
www.omniscriptum.com

Milton Keynes UK
Ingram Content Group UK Ltd.
UKHW040823141124
451205UK00001B/160